日本の地質構造100選

日本地質学会
構造地質部会
.... ［編集］

朝倉書店

日本の地質構造 100選

第1章　断層
- 01 日高主衝上断層
- 02 棚倉構造線
- 03 跡倉押しかぶせ断層
- 04 城ヶ島の逆断層群
- 05 神縄断層
- 06 糸魚川–静岡構造線(早川沿いの露頭)
- 07 糸魚川–静岡構造線(韮崎の露頭)
- 08 片江鼻の超丹波帯–丹波帯境界断層
- 09 和田の夜久野オフィオライト基底衝上断層
- 10 伊那地域の中央構造線
- 11 三重県の中央構造線
- 12 中央構造線湯谷口露頭
- 13 中央構造線, 砥部衝上断層
- 14 仏像構造線
- 15 安芸構造線
- 16 甑島の鹿の子断層
- 17 鳴門の和泉層群中のデュープレックス
- 18 屋久島のデュープレックス
- 19 上麻生のデュープレックス
- 20 三波川帯の伸張デュープレックス

第2章　活断層
- 21 千屋断層
- 22 伊那谷断層帯, 念通寺断層
- 23 井戸沢断層(帯)
- 24 糸魚川–静岡構造線断層帯, 下円井断層
- 25 飯田–松川断層
- 26 丹那断層
- 27 阿寺断層
- 28 根尾谷断層
- 29 跡津川断層
- 30 野島断層
- 31 有馬–高槻断層(帯)
- 32 山崎断層(帯)
- 33 中央構造線断層帯, 芝生衝上断層
- 34 中央構造線断層帯, 池田断層

第3章　断層岩
- 35 日高変成帯のはんれい岩マイロナイト
- 36 幌満かんらん岩の変形
- 37 白神山地西方のマイロナイト
- 38 日本国マイロナイト
- 39 畑川断層帯のマイロナイト

- 64 三波川変成岩のさや褶曲
- 65 秩父帯のクレニュレーション劈開
- 66 室戸, 行当岬の褶曲
- 67 四万十帯のシェブロン褶曲
- 68 対馬の褶曲とペンシル構造
- 69 嘉陽層の褶曲−衝上断層帯
- 70 不動沢の活褶曲

第5章　小構造

- 71 歌露礫岩の変形
- 72 南部北上山地のスレート
- 73 チャート中の安山岩質岩脈のブーディン
- 74 閃緑岩脈のブーディン構造（横川の蛇石）
- 75 長瀞の雁行脈とブーディン構造
- 76 淡路島の歪指標
- 77 歪指標としての放散虫化石の変形
- 78 大歩危の礫岩片岩の変形
- 79 層状チャート中の共役雁行石英脈
- 80 跡倉層の共役雁行脈
- 81 嘉陽層の劈開の屈折
- 82 槙峰メランジュ中の伸長線構造

第6章　メランジュなど

- 83 新冠泥火山
- 84 釧路興津海岸の巨大砂岩脈
- 85 三崎層の乱堆積構造とデュープレックス
- 86 房総半島三浦層群の脈状構造
- 87 千倉層群の海底地すべりとデュープレックス
- 88 江見層群のクモの巣構造
- 89 赤石山地四万十帯の構造性メランジュ
- 90 美濃帯のペルム紀海山起源のメランジュ
- 91 室戸, 黒耳の乱堆積物
- 92 田辺層群の泥ダイアピル
- 93 牟岐メランジュ中の地震性断層岩
- 94 横浪メランジュと地震性断層岩
- 95 興津メランジュ中の地震性断層岩
- 96 室戸, 行当岬の砂岩脈
- 97 大野川層群のスランプ褶曲と変成岩ブロック
- 98 日南層群の流体噴出構造
- 99 屋久島の変形砂岩脈
- 100 南アルプスの線状凹地群

- 40 畑川断層帯のウルトラマイロナイト
- 41 飛騨帯のマイロナイト
- 42 鹿塩マイロナイト
- 43 佐志生断層の蛇紋岩マイロナイト
- 44 手島の小規模延性剪断帯
- 45 矢平断層のカタクレーサイト
- 46 牛首断層沿いの断層破砕帯
- 47 瀬戸川帯泥質岩の延性剪断変形
- 48 長門峡, 徳佐−地福断層のカタクレーサイト
- 49 日高変成帯のシュードタキライト
- 50 足助剪断帯のシュードタキライト
- 51 八幡浜大島のシュードタキライト

第4章　褶曲

- 52 神居古潭峡谷の褶曲
- 53 男鹿半島女川層の褶曲
- 54 宮沢の横臥褶曲
- 55 牡鹿半島の褶曲とスレート
- 56 割山変成岩の微褶曲
- 57 長瀞, 赤鉄片岩の横臥褶曲（菊水岩）
- 58 長瀞, 虎岩の横臥褶曲とブーディン構造
- 59 山中層群の褶曲
- 60 跡倉ナップのシンフォーム状背斜
- 61 伊良湖岬, 秩父帯のチャートの褶曲
- 62 牟婁層群の褶曲
- 63 沼島のさや褶曲と上立神岩

まえがき

　本書は,「日本の地質百選」の枠組みの中の構造地質編とよぶべきもので,露頭写真を中心に国内の重要な地質構造の写真を集めたアトラスです.取り扱った地質構造は6つのカテゴリー,すなわち断層,活断層,断層岩,褶曲,小構造,メランジュなど,から構成されています.これらの地質構造の多くは大地のきわめてゆっくりした運動により,数百万から数千万年かけて岩石が変形した結果形成されます.一方,地震国である日本列島では,大地震時に地表地震断層が一瞬にして形成される場合があり,活断層の項目の中で数例紹介しました.本書では,露頭スケールだけではなく,標本スケールや顕微鏡スケールの地質構造も取り扱っている一方,空中写真スケールも含まれます.今回100選に漏れた重要な地質構造の露頭なども少なからずあると思われますが,ここでは本書の趣旨に賛同いただき,投稿いただいたものを中心に取り上げました.専門家とその研究グループからの投稿者69名がわかりやすい解説を行うことにより,地質関連の専門家や学生に使っていただくだけではなく,広く地学愛好家やジオパークのガイド,理科教員にも楽しんでいただくことが本書の目的です.本書の写真をみて,現地に行きたくなるようになればと考えて写真を選んでありますが,活断層など将来も保存される保証がない露頭や失われた露頭も,現段階で保存されているものと組み合わせて,部分的に取り上げています.

　この企画は,もともと日本地質学会・構造地質部会の前身で,2006年に発展的に解散した構造地質研究会から引き継いだ資産を有効活用するために,部会事務局により提案されたものでした.その後,部会のメンバーが中心となって誰もが参加できるアトラスとなりました.2011年3月より,7月末締め切りを設定して項目(サイト)の選定と写真の提供を部会ホームページや電子メール,地質学会メールマガジン(geo-Flash)や日本ジオパークネットワークメーリングリストなどで広くよびかけました.その結果,最終的には110項目の写真が集まり,それをしぼるために複数の項目を統合するとともに,選別を行いました.なお,本書で取り上げた写真と,百選から漏れた写真,あわせて約300点については,構造地質部会のホームページで公開します.

　本書を通じて,日本列島が大陸の縁辺部に位置し,海洋プレートの沈み込みを受けていた時代(古生代～新生代前半)から,大陸から分離し,島弧となった現在(新生代後半)までに地層や岩石に記録されたダイナミックな地質構造の旅を楽しんでいただければ幸いです.なお,本書に取り上げた地質構造の露頭は,どれも国の天然記念物およびそれに匹敵する貴重な大地の遺産であり,後世に伝えるべきものです.くれぐれも破壊することのないようにしていただきたいと願っています(コラム2参照).

『日本の地質構造100選』編集委員長　高木秀雄

日本の地質構造100選
編集委員会

委員長
高木秀雄

特別顧問
竹下　徹
小川勇二郎
村田明広
白尾元理

日本地質学会構造地質部会事務局メンバー
大藤　茂（部会長）
大坪　誠
奥平敬元
丹羽正和
橋本善孝
廣瀬丈洋
藤井幸泰
星　博幸
松田達生
山田泰広

写真提供・解説者
足立富男，新井宏嘉，淡路動太，安間　了，今泉俊文，石井和彦，石渡　明，Simon Wallis，氏家恒太郎，永広昌之，小川勇二郎，奥平敬元，太田　亨，大坪　誠，大友幸子，大橋聖和，岡田篤正，楮原京子，金折裕司，金川久一，狩野謙一，加納大道，亀高正男，風戸良仁，川村信人，河本和朗，清川昌一，小泉奈緒子，神戸新聞社，小林健太，小山真人，坂口有人，酒巻秀彰，澤口　隆，重松紀生，島田耕史，島野裕文，菅森義晃，鈴木知明，曽田祐介，大地の会（小川幸雄），高木秀雄，高橋　浩，竹下　徹，田近　淳，筒井宏輔，豊島剛志，西川　治，二宮　崇，丹羽正和，北淡震災記念公園，橋本善孝，原　崇，廣瀬丈洋，廣野哲朗，細井　淳，堀内典子，本間岳史，前川寛和，松田時彦，宮崎智美，宮下由香里，宮田雄一郎，村田明広，村松　武，山本由弦，山縣　毅，林　愛明，渡部　晟

目　　次

第1章　断層

　No.001　日高主衝上断層 …………………………………………………… 2
　No.002　棚倉構造線 ……………………………………………………………… 4
　No.003　跡倉押しかぶせ断層 …………………………………………………… 6
　No.004　城ヶ島の逆断層群 ……………………………………………………… 8
　No.005　神縄断層 ……………………………………………………………… 10
　No.006　糸魚川-静岡構造線（早川沿いの露頭） …………………………… 11
　No.007　糸魚川-静岡構造線（韮崎の露頭） ………………………………… 12
　No.008　片江鼻の超丹波帯-丹波帯境界断層 ………………………………… 14
　No.009　和田の夜久野オフィオライト基底衝上断層 ……………………… 15
　No.010　伊那地域の中央構造線 ……………………………………………… 16
　No.011　三重県の中央構造線 ………………………………………………… 18
　No.012　中央構造線湯谷口露頭 ……………………………………………… 20
　No.013　中央構造線，砥部衝上断層 ………………………………………… 22
　No.014　仏像構造線 …………………………………………………………… 24
　No.015　安芸構造線 …………………………………………………………… 25
　No.016　甑島の鹿の子断層 …………………………………………………… 26
　No.017　鳴門の和泉層群中のデュープレックス …………………………… 28
　No.018　屋久島のデュープレックス ………………………………………… 30
　No.019　上麻生のデュープレックス ………………………………………… 32
　No.020　三波川帯の伸張デュープレックス ………………………………… 33

第2章　活断層

　No.021　千屋断層 ……………………………………………………………… 34

No. 022	伊那谷断層帯，念通寺断層	35
No. 023	井戸沢断層（帯）	36
No. 024	糸魚川-静岡構造線断層帯，下円井断層	38
No. 025	飯田-松川断層	40
No. 026	丹那断層	42
No. 027	阿寺断層	44
No. 028	根尾谷断層	46
No. 029	跡津川断層	48
No. 030	野島断層	50
No. 031	有馬-高槻断層（帯）	52
No. 032	山崎断層（帯）	54
No. 033	中央構造線断層帯，芝生衝上断層	56
No. 034	中央構造線断層帯，池田断層	58

第3章　断層岩

No. 035	日高変成帯のはんれい岩マイロナイト	60
No. 036	幌満かんらん岩の変形	62
No. 037	白神山地西方のマイロナイト	64
No. 038	日本国マイロナイト	66
No. 039	畑川断層帯のマイロナイト	67
No. 040	畑川断層帯のウルトラマイロナイト	68
No. 041	飛驒帯のマイロナイト	70
No. 042	鹿塩マイロナイト	72
No. 043	佐志生断層の蛇紋岩マイロナイト	74
No. 044	手島の小規模延性剪断帯	76
No. 045	矢平断層のカタクレーサイト	77
No. 046	牛首断層沿いの断層破砕帯	78
No. 047	瀬戸川帯泥質岩の延性剪断変形	80
No. 048	長門峡，徳佐-地福断層のカタクレーサイト	82
No. 049	日高変成帯のシュードタキライト	84
No. 050	足助剪断帯のシュードタキライト	86
No. 051	八幡浜大島のシュードタキライト	88

第 4 章　褶曲

No. 052	神居古潭峡谷の褶曲	90
No. 053	男鹿半島女川層の褶曲	92
No. 054	宮沢の横臥褶曲	93
No. 055	牡鹿半島の褶曲とスレート	94
No. 056	割山変成岩の微褶曲	96
No. 057	長瀞，赤鉄片岩の横臥褶曲（菊水岩）	97
No. 058	長瀞，虎岩の横臥褶曲とブーディン構造	98
No. 059	山中層群の褶曲	100
No. 060	跡倉ナップのシンフォーム状背斜	101
No. 061	伊良湖岬，秩父帯のチャートの褶曲	102
No. 062	牟婁層群の褶曲	104
No. 063	沼島のさや褶曲と上立神岩	106
No. 064	三波川変成岩のさや褶曲	108
No. 065	秩父帯のクレニュレーション劈開	109
No. 066	室戸，行当岬の褶曲	110
No. 067	四万十帯のシェブロン褶曲	112
No. 068	対馬の褶曲とペンシル構造	114
No. 069	嘉陽層の褶曲-衝上断層帯	116
No. 070	不動沢の活褶曲	119

第 5 章　小構造

No. 071	歌露礫岩の変形	120
No. 072	南部北上山地のスレート	122
No. 073	チャート中の安山岩質岩脈のブーディン	124
No. 074	閃緑岩脈のブーディン構造（横川の蛇石）	125
No. 075	長瀞の雁行脈とブーディン構造	126
No. 076	淡路島の歪指標	128

No. 077	歪指標としての放散虫化石の変形	130
No. 078	大歩危の礫岩片岩の変形	131
No. 079	層状チャート中の共役雁行石英脈	132
No. 080	跡倉層の共役雁行脈	134
No. 081	嘉陽層の劈開の屈折	135
No. 082	槇峰メランジュ中の伸長線構造	136

第6章　メランジュなど

No. 083	新冠泥火山	138
No. 084	釧路興津海岸の巨大砂岩脈	139
No. 085	三崎層の乱堆積構造とデュープレックス	140
No. 086	房総半島三浦層群の脈状構造	142
No. 087	千倉層群の海底地すべりとデュープレックス	144
No. 088	江見層群のクモの巣構造	147
No. 089	赤石山地四万十帯の構造性メランジュ	148
No. 090	美濃帯のペルム紀海山起源のメランジュ	150
No. 091	室戸，黒耳の乱堆積物	151
No. 092	田辺層群の泥ダイアピル	152
No. 093	牟岐メランジュ中の地震性断層岩	154
No. 094	横浪メランジュと地震性断層岩	156
No. 095	興津メランジュ中の地震性断層岩	158
No. 096	室戸，行当岬の砂岩脈	160
No. 097	大野川層群のスランプ褶曲と変成岩ブロック	162
No. 098	日南層群の流体噴出構造	164
No. 099	屋久島の変形砂岩脈	166
No. 100	南アルプスの線状凹地群	168

コラム１：『日本の地質構造100選』フォトコンテスト　170
コラム２：貴重な地質の遺産は保護・保全を！　171

日本の地質構造 100 選

ナウマンのみたフォッサマグナ（狩野謙一）

No. 001 日高主衝上断層
Hidaka Main Thrust, Hokkaido

●写真1
ナナシ沢川(ナナシノ沢)の日高主衝上断層.写真赤矢印の左(東)側は日高変成帯のトーナル岩マイロナイト,右(西)側はポロシリオフィオライトの角閃岩.最大幅10 cmの面状カタクレーサイト帯と狭長な断層ガウジ帯が挟まれ,本断層形成初期の状態は失われているが,日高変成帯側のマイロナイト面構造とポロシリオフィオライト側の角閃岩の片理面は境界断層に平行である.

日高山脈に沿って南北約140 kmにわたって続く日高主衝上断層は,北米(オホーツク)プレートとユーラシアプレートとの斜め衝突と,その後の千島弧と東北日本弧との東西衝突を示す断層です.本断層が2つのプレートの境界断層となり,オホーツクプレート・千島弧側の島弧地殻下部〜上部を構成していた日高変成帯がユーラシアプレート・東北日本弧側の白亜紀〜古第三紀付加体の上に,または両プレートの間に存在していた海洋地殻であるポロシリオフィオライトの上に衝上しています.日高町,新冠町(にいかっぷ)(志村,1992),新ひだか町(写真1),浦河町(うらかわ)(写真2, 3)や様似町(さまに)などで日高主衝上断層が観察されます.

文　献:小山内康人・大和田正明・豊島剛志,2007,地質学雑誌,**113**補遺,29-50.
　　　　志村俊昭,1992,地質学雑誌,**98**,1-20.
　　　　志村俊昭・木崎健治・新井孝志・柳　弘紀,1990,地球科学,**44**(2), i-ii.

●写真2
元浦川上流のニシュオマナイ川に見られる日高主衝上断層（小山内ほか，2007）．右側の白っぽい岩石が日高変成帯のトーナル岩マイロナイトでややカタクレーサイト化しているが，マイロナイト面構造が認められる．左側の黒っぽい岩石はイドンナップ帯の泥岩で砂岩・凝灰岩を挟む．日高主衝上断層面は後生的な斜交断層によってずらされて，でこぼこしている．

●写真3
写真2の東側（上盤の日高変成帯）の日高西縁マイロナイト．黒雲母トーナル岩マイロナイト（褐色の層）と角閃石トーナル岩マイロナイト（明灰色層）が互層をなしている．

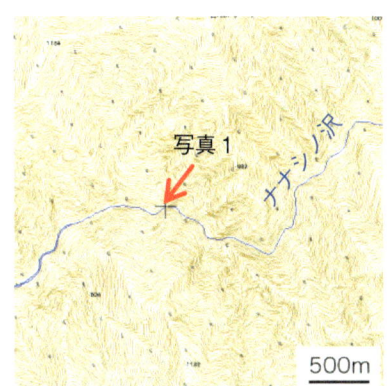

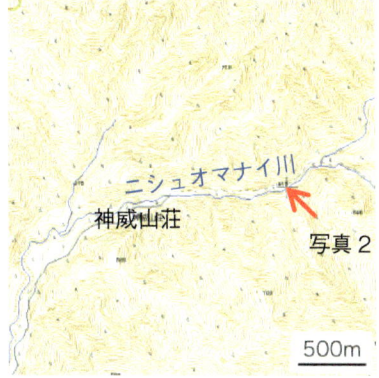

場所：北海道日高郡新ひだか町ナナシ沢川（ナナシノ沢）沿い（42°33′16″N, 142°45′48″E）
交通：日高本線静内駅からナナシノ沢まで車で約60 km（林道約45 kmを含む）＋ナナシノ沢を徒歩で遡行約2時間．日高南部森林管理署などにて入山許可などが必要．
地図：国土地理院1/25,000 地形図「ヤオロマップ岳」

場所：北海道浦河郡浦河町元浦川上流ニシュオマナイ川沿い（42°26′20″N, 142°52′9.2″E）
交通：日高本線荻伏駅より車で約35 km（林道約20 kmを含む），登山道約1 km徒歩の後，川に降りる．
地図：国土地理院1/25,000 地形図「ピリガイ山」
関連URL：アポイ岳ジオパーク
http://www.apoi-geopark.jp/apoi_map/

●写真1, 3・解説：豊島剛志　●写真2：島田耕史

棚倉構造線
Tanagura Tectonic Line, Ibaraki-Fukushima

●写真1
茨城県常陸太田市山田川沿いの棚倉構造線西縁断層の直線的な谷．

棚倉構造線（棚倉断層）は茨城県常陸太田市から福島県棚倉町にかけて北北西-南南東におよそ60 km延びる大規模な横ずれ断層です．八溝帯（ジュラ紀付加体）と阿武隈帯を境する構造線であり，西縁断層と東縁断層に挟まれた国内でも有数の幅をもつ破砕帯を伴います．白亜紀後期～古第三紀の左ずれマイロナイト化とともに，複数の運動の履歴が報告されています．写真1は茨城県常陸太田市山田川沿いの西縁断層の地形で，直線的な谷と，断層を挟んだ地質の違いを反映した地形の違いが明瞭です．写真2は福島県東白川郡塙町の稲沢に存在する露頭です．右側の緑灰色の部分が中新統の礫岩層，左側の縞が発達したクリーム色の部分が花崗岩由来の断層ガウジ，間の黒色部が西縁断層の断層ガウジです．この露頭の断層ガウジに記録された剪断運動は大部分が右横ずれを示しており，中新世に左ずれ運動の後の応力場の転換に伴って，剪断センスが

文　献：大槻憲四郎, 1975, 東北大地質古生物研邦報, no. 76, 1-71.
　　　　淡路動太・山本大介・高木秀雄, 2006, 地質学雑誌, **112**, 222-240.
　　　　Awaji, D., Sugimoto, R., Arai, H., Kobayashi, K. and Takagi, H., 2010, Island Arc, **19**, 561-564.

●写真 2
稲沢川の棚倉構造線西縁断層露頭（一部分）．右ずれを示す非対称クラスト-テイル構造や複合剪断面が報告されている（Awaji et al., 2010）．

右ずれに反転したものと考えられます．同様の右ずれ運動の履歴は，写真1の西縁断層の露頭でも，礫岩中の礫の変形と引きずりなどから明らかにされています（大槻, 1975）．

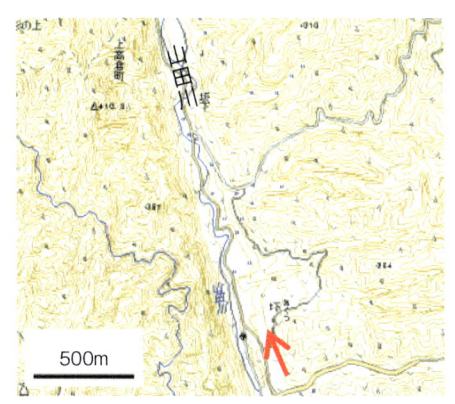

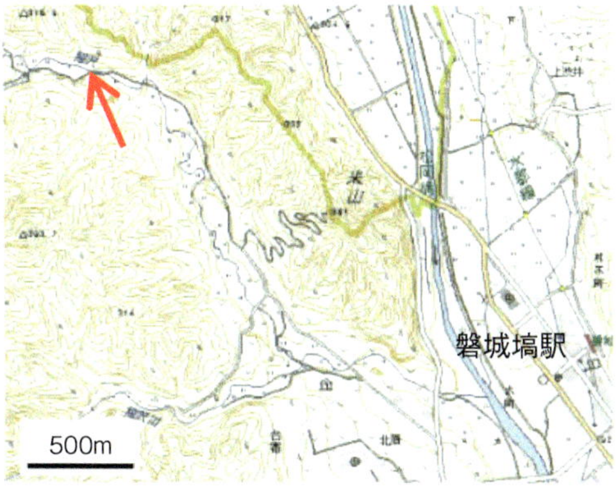

写真1：茨城県常陸太田市下高倉町圷(あくつ)付近の山田川沿い（36°42′36.4″N, 140°27′59.1″E）
交通：国道461号線沿い高倉交流センター（旧小学校）から地形がよく見える．
地図：国土地理院1/25,000地形図「大中宿」
関連URL：茨城県北ジオパーク
http://www.ibaraki-geopark.com/

写真2, 3：福島県東白川郡塙町台宿稲沢（36°58′6.1″N, 140°23′20.4″E）
交通：水郡線磐城塙駅から徒歩30分．
地図：国土地理院1/25,000地形図「塙」

●写真1：細井 淳　●写真2・解説：高木秀雄・淡路動太

No. 003 跡倉押しかぶせ断層
Atokura Overthrust, Gunma

断層

● 写真1
跡倉押しかぶせ断層（跡倉ナップ基底断層）の模式露頭．

青倉川の対岸にみられるこの露頭は，御荷鉾緑色岩の破砕帯（下盤）の上に白亜系跡倉層（上盤）が断層で乗っている，跡倉ナップの最も有名な露頭です．この断層露頭の走向・傾斜はN70°W, 25°Nと北傾斜ですが，さらに北側（青倉川下流側）には再び御荷鉾緑色岩がウインドウ（フェンスター）として川底周辺に露出しています．このように，ナップ基底部は多数の断層の集合体となっていますが，ナップ基底部の平均的な傾斜はほとんど水平に近く，上盤側の下盤に対する相対運動方向は，西→北西→北 という時計まわりの変化が，破砕帯の構造の中に記録されています（Kobayashi, 1996）．地元では「根なし山のすべり面」としても知られており，道路沿いには案内版が設置されています．日本の地質百選「跡倉クリッペ」の代表的露頭であると同時に，下仁田ジオパークの重要なジオサイトです．

文　献：Kobayashi, K., 1996, Journal of Structural Geology, **18**, 563-571.
　　　　小林健太・新井宏嘉，2002，日本地質学会第109年学術大会見学旅行案内書，87-108.
　　　　「下仁田町と周辺の地質」編集委員会，2009，下仁田町と周辺の地質．

●写真2
断層下盤の御荷鉾緑色岩にみられる複合面構造（P–R_1 構造）．この構造から，上盤が下盤に対して南東から北西に向かってずれたことがわかる．

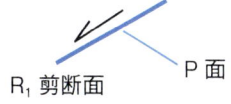

 上盤の相対移動方向

●写真3
跡倉押しかぶせ断層面を下から見上げた露頭面についている条線．破砕された岩石の破片の下側（北側）に向かって彗星の尾のような溝が存在することから，上盤が南から北に向かってずれたことがわかる．スケールは1 cm．

場所：群馬県下仁田町青倉川右岸
　　　下仁田町自然史館（旧青倉小学校）の前の青倉川沿い（36°12′08″N, 138°46′37″E）
交通：上信電鉄下仁田駅（終点）より，徒歩40分または車．
地図：国土地理院 1/25,000 地形図「下仁田」
関連URL：下仁田ジオパーク
http://www.shimonita-geopark.jp/

●写真1：小林健太　●写真2, 3・解説：高木秀雄

No. 004 城ヶ島の逆断層群
Reverse faults in Jogashima Island, Kanagawa

●写真1
三崎層中の小規模衝上断層-褶曲帯.

三浦半島の先端に位置する城ヶ島は都心から近いこともあり，多くの高校や大学の巡検地として活用されています．城ヶ島は中新統三浦層群の三崎層と初声層から構成され，関東地震による隆起海食台が南側を中心に広く分布しているため，地層の観察に最適です．それらの地層の海底地すべりによって形成されたスランプ褶曲や衝上断層-褶曲帯，固結後の短縮による逆断層と地層の繰り返しが多くの場所で観察できます．写真1, 2の露頭は，有名なスランプ褶曲の露頭のそばにあります．写真1は火山灰起源のシルト岩の内部で典型的な衝上断層-褶曲帯をなしています．成層した地層の内部だけに認められていますが，ある程度固結した地層の層平行断層から派生する衝上断層の覆瓦構造と，それにともなった引きずり褶曲と考えられます．写真2はスコリア質砂岩層からなる同じ地層の組み合わせが3回繰り返しているものです．写真3は傾斜方向の異なる逆断層によって挟まれた部分が相対的に上昇した，ポップアップ構造です．写真2, 3に示すような構造は，城ヶ島の他の場所でも確認されます．

文　献：日本地質学会地学教育委員会編著, 2010, 城ヶ島たんけんマップ-深海から生まれた城ヶ島, 日本地質学会.

●写真 2
同じ地層（矢印）の繰り返し．矢印の向きが上位．

●写真 3
地層の傾斜の変換点付近のポップアップ構造．左奥にみえるのは城ヶ島灯台．

場所：神奈川県三浦市城ヶ島
写真 1, 2：35°08′09″N, 139°36′38″E
写真 3：35°08′7.5″N, 139°36′35.7″E
交通：京浜急行三崎口（終点）より城ヶ島行きバス終点より徒歩5〜10分．
地図：国土地理院 1/25,000 地形図「三浦三崎」
関連 URL：三浦半島の地層・地質
http://www.edu.city.yokosuka.kanagawa.jp/chisou/

●写真・解説：高木秀雄

No. 005 神縄断層
Kannawa Fault, Shizuoka

　神縄断層は，北側に分布する中新統丹沢層群と南側に分布する下〜中部更新統足柄層群との境界をなす断層です．この断層はもともとは丹沢地塊と伊豆地塊との衝突境界として形成された衝上断層でしたが，衝突後に継続した圧縮によって形成された方向の異なる横ずれ断層と複合した断層系をつくるようになりました．写真の露頭はこの断層帯の最西部にみられるもので，北西（左）側の丹沢層群の安山岩質火山岩が南東（右）側の足柄層群を覆う上部更新統の駿河礫層と北東-南西走向の高角の断層で接しています．

文　献：町田　洋・松島義章・今永　勇，1975，第四紀研究，**14**，77-89.
　　　　小田原啓，2008，神奈川県温泉地学研究所だより，no. 58，25-28.

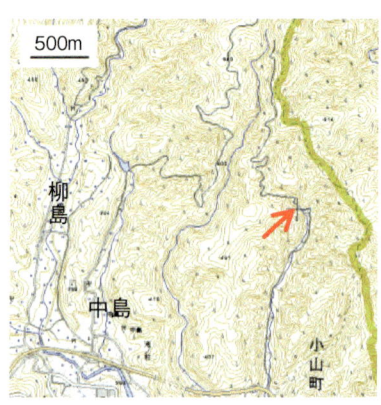

場所：静岡県駿東郡小山町生土
　　　（35°22′35″N, 139°00′01″E）
交通：林道生土-不老山線基点から約 1.6 km 地点．
地図：国土地理院 1/25,000 地形図「山北」
関連URL：神縄・国府津-松田断層帯の調査結果と評価について
http://www.jishin.go.jp/main/chousa/97aug2/index.htm

●写真・解説：狩野謙一

No. 006	糸魚川-静岡構造線（早川沿いの露頭）
	Itoigawa-Shizuoka Tectonic Line along Hayakawa, Yamanashi

断層

山梨県早川町を南流する早川に沿って，糸魚川-静岡構造線（糸静線）の断層露頭が数カ所に露出しています．いずれもほぼ南北の走向で，西に45〜75°程度傾斜する逆断層の形態を取っています．上盤側（西側）は四万十帯古第三系の瀬戸川層群で，主体はスレートから，下盤側（東側）は南部フォッサマグナを構成する前期中新世後期から中期中新世前期の堆積岩・火山岩類からなります．この早川流域から北方のドンドコ沢露頭にかけての糸静線からは，活断層の証拠が得られていません．

左の写真は糸静線を代表する国指定天然記念物の新倉露頭です．

文　献：日本地質学会編，2006，日本地方地質誌4 中部地方，朝倉書店，444-445.

場　所：山梨県南巨摩郡早川町新倉，早川と内河内川との合流点から約100m上流の内河内川左岸壁（35°29′27.7″N, 138°19′34.3″E）
交　通：山梨県道27号線，新倉の北の小の島トンネルを出て左側に駐車場あり，ここから露頭には林道沿いを徒歩約2分．
地　図：国土地理院 1/25,000 地形図「新倉」
関連URL：糸魚川-静岡構造線，新倉露頭
http://mtlwebmusesub.web.fc2.com/t021224list-arakura.htm

●写真・解説：狩野謙一

No. 007 糸魚川-静岡構造線（韮崎の露頭）
Itoigawa–Shizuoka Tectonic Line in Nirasaki, Yamanashi

断層

●写真1
韮崎市ドンドコ沢の糸魚川-静岡構造線の露頭.

糸魚川-静岡構造線は，フォッサマグナの西端に位置する南北250 km以上に及ぶ大断層です．写真1は山梨県韮崎市ドンドコ沢に露出する糸魚川-静岡構造線です．断層の右（西）側が1,370万年前のK-Ar角閃石年代（佐藤ほか，1989）を示す鳳凰花崗岩，左（東）側が中期中新世の桃ノ木亜層群の砂泥質岩です．断層の走向・傾斜はN31°E, 55°W．鳳凰花崗岩側は幅約2mにわたり破砕され，桃ノ木亜層群側は幅100 m以上にわたって破砕されています．断層近傍の鳳凰花崗岩はマイロナイト化しており，断層にほぼ平行な面構造と傾斜方向の線構造が発達し，逆断層運動を示す構造も認められます．一方，桃ノ木亜層群側のカタクレーサイトには低角な条線が発達し，左横ずれを示す剪断面構造が認められます．したがって，ここでの糸魚川-静岡構造線の運動は，花崗岩のマイロナイト化を伴う逆断層運動の後，カタクレーサイト化を伴う左横ずれ運動があったと考えられます．

写真2は山梨県韮崎市大棚沢に露出する糸魚川-静岡構造線です．左上（西側）が1,350万年前のK-Ar角閃石年代（佐藤ほか，1989）を示す焼地蔵花崗岩，右下（東側）が中新世桃ノ木亜層群の砂泥質岩です．

文　献：佐藤興平・柴田　賢・内海　茂，1989，地質学雑誌，**95**, 33-44.

●写真2
韮崎市大棚沢の糸魚川-静岡構造線露頭．写真の比高は約30 m．

断層の走向・傾斜はN16°W, 55°Wで，断層ガウジ中には南西方向に45°プランジする条線が発達しています．断層近傍の桃ノ木亜層群の引きずりから，断層ガウジ形成時の右横ずれ成分を持つ逆断層運動が推定されます．

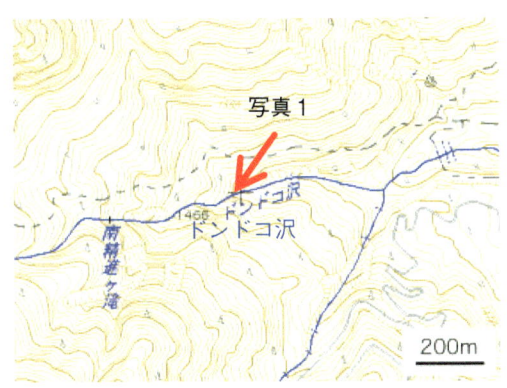

写真1
場所：山梨県韮崎市ドンドコ沢
　　　(35°42′22″N, 138°19′59″E)
交通：青木鉱泉から車で約15分＋徒歩約1時間．

写真2
場所：山梨県韮崎市大棚沢
　　　(35°41′15″N, 138°19′45″E)
交通：青木鉱泉から車で約15分＋徒歩約2.5時間．
地図：国土地理院1/25,000地形図「鳳凰山」

●写真1：狩野謙一　●写真2, 3・解説：風戸良仁・金川久一

No. 008　片江鼻の超丹波帯-丹波帯境界断層
Boundary fault between Ultra-Tanba and Tanba terranes, Fukui

氷上層の塊状砂岩
丹波帯の泥質混在岩
境界断層

　福井県小浜市片江鼻では，超丹波帯とされる氷上層（ペルム紀ないし三畳紀中世）の塊状砂岩が丹波帯のジュラ紀古世堆積岩複合体の泥質混在岩に衝上している露頭を観察することができます．氷上層は中粒〜粗粒の破砕質の塊状砂岩で特徴付けられる地層で，兵庫県丹波市青垣町にまで断続的に分布しています．砂岩中の石英粒子には圧力溶解による特徴的な窪み（湾入構造）があるのを顕微鏡で確認することができます．超丹波帯は丹波帯の構造的上位のナップとして，兵庫県中東部の篠山地域や大阪府北部の北摂地域にもクリッペ状に分布しています．そのため超丹波帯-丹波帯境界断層はナップ境界断層の特性を知る上で重要であり，片江鼻の露頭では断層の透水性を検討した研究（廣瀬・早坂，2005）があります．

文　献：廣瀬丈洋・早坂康隆，2005，地質学雑誌，**111**，300-307.
　　　　「北陸の自然をたずねて」編集委員会編著，2001，北陸の自然をたずねて，築地書館，242p.
　　　　石賀裕明・井本伸広・武蔵野実，1987，日本地質学会第94年学術大会見学旅行案内書，39-52.

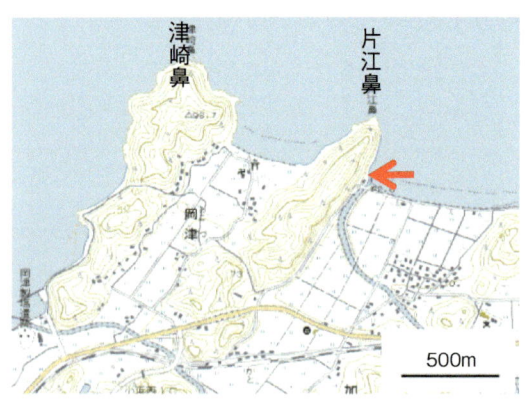

場所：福井県小浜市片江鼻
　　　（35° 29′ 20″ N, 135° 40′ 18″ E）
交通：JR小浜線加斗駅より徒歩15分．
地図：国土地理院 1/25,000 地形図「小浜」
関連URL：西南日本内帯古〜中生代付加型造山帯の
　　　　　ナップ境界の衝上断層
http://earth.s.kanazawa-u.ac.jp/ishiwata/thrust/thrust.htm

●写真・解説：菅森義晃

No. 009 和田の夜久野オフィオライト基底衝上断層
Basal thrust of the Yakuno Ophiolite in Wada, Fukui

福井県高浜町和田東方で,夜久野オフィオライト(ペルム紀)のマントルかんらん岩が超丹波帯(ペルム紀付加体)の砂岩,泥岩,凝灰岩に衝上する露頭です.ハンマーの位置から左上に延びる白色部の下面が衝上断層で,北へ45°傾斜します.上盤のかんらん岩(ハルツバージャイト)は,断層から約100mにわたり蛇紋岩化が著しく,片状ないし礫岩状に破砕されています.この断層は,東方へは大島半島東端の赤礁崎まで,西方へは兵庫県の朝来や上郡まで追跡できます.

文　献:日本地質学会編,2006,日本地方地質誌4 中部地方,朝倉書店,186-187.

場所:福井県高浜町和田東方
　　　(35°29′44.6″N, 135°35′36.6″E)
交通:JR小浜線若狭和田駅下車徒歩20分.
地図:国土地理院 1/25,000 地形図「高浜」
関連URL:西南日本内帯古〜中生代付加型造山帯の
　　　　ナップ境界の衝上断層
http://earth.s.kanazawa-u.ac.jp/ishiwata/thrust/thrust.htm

●写真・解説:石渡　明

No. 010 伊那地域の中央構造線
Median Tectonic Line in the Ina area, Nagano

●写真1
中央構造線安康露頭（長野県大鹿村安康）．3つの黒色ガウジ帯が青木川右岸に存在するが，最も南側（写真右側）のガウジ帯が物質境界としてのMTLである．MTLの走向のほぼ延長上から撮影．（優秀写真）

　長野県南部を走る中央構造線（MTL）はその走向がほぼ南北であり，茅野で糸魚川−静岡構造線に切断，転位されています．MTLに沿って北から杖付峠，分杭峠，地蔵峠，青崩峠という峠があり，その南は静岡県となっています．この地域には多くの好露頭が存在し，ここでは杖付峠〜地蔵峠間の5つの好露頭のうちの3つを紹介します．いずれの露頭も，西の領家帯側は領家花崗岩類・変成岩類由来のマイロナイトが地殻浅部でカタクレーサイト化，ならびに局所的なガウジ化を重複して被っており，変質も進んで露頭付近では赤褐色を帯びています．東の三波川帯側は結晶片岩の組織を良く残しており，カタクレーサイト化の範囲は狭いものの，風化の影響もあってやや幅広くガウジ化が進んでいます．いずれの露頭も，南アルプス（中央構造線エリア）ジオパークの重要なジオサイトであり，北川露頭と安康露頭は長野県の天然記念物，日本の地質百選です．

文　献：日本地質学会編，2006，日本地方地質誌4 中部地方，朝倉書店．

●写真2
中央構造線北川露頭（長野県大鹿村北川）．北川露頭では，少なくとも3回の断層活動が露頭から読み取れ，その露頭切り取り標本が大鹿村中央構造線博物館に展示されている．白色ガウジ部が物質境界としてのMTL.

●写真3
中央構造線溝口露頭（長野県伊那市長谷）．溝口露頭では，物質境界に中新世のフェルサイトの貫入が認められる．物質境界に接する領家帯側は変成岩由来のマイロナイトで，花崗岩由来のもの（写真の露頭左端）と異なり暗褐色に見える．

断層

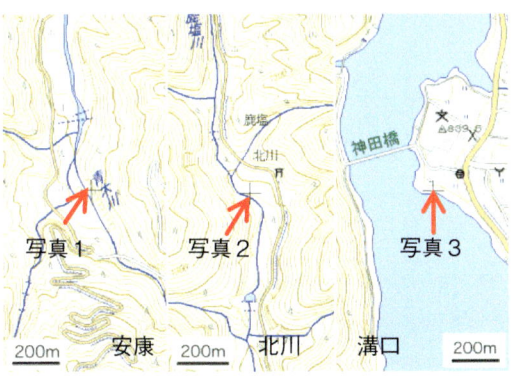

場所：長野県大鹿村安康〜伊那市長谷
写真1：35°29′22.7″N, 138°00′56.8″E
写真2：35°40′36.5″N, 138°03′50.5″E
写真3：35°47′29.5″N, 138°04′56.7″E
交通：大鹿村中央構造線博物館より車で15分（安康），20分（北川），45分（溝口）．
地図：国土地理院1/25,000地形図「信濃溝口，市野瀬，大沢岳」
関連URL：大鹿村中央構造線博物館
http://www.osk.janis.or.jp/~mtl-muse/

●写真・解説：河本和朗・高木秀雄

三重県の中央構造線
Median Tectonic Line in Mié

●写真1
松阪市飯高の中央構造線月出露頭（国の天然記念物）.

三重県の中央構造線（MTL）には，領家花崗岩類と三波川変成岩類が直接接している好露頭が複数存在します．なかでも奈良県境の高見山に近い月出露頭はMTLでも最大級の露頭として整備され，国内外からの研究者による断層破砕帯に関する研究が進んでいます（写真1）．走向はほぼ東西で，北に60°傾斜しています．三重県東部には，伊勢自動車道勢和多気インター周辺の近接した地域に3ヶ所の中央構造線の露頭が存在します．写真2の露頭は，畑井トーナル岩由来のマイロナイトと薄く挟まれている和泉層群の境界断層です．接触部の和泉層群側には固結した面状カタクレーサイトが発達しています．勢和多気インター付近には，MTLの100m北方にシュードタキライトが存在し，60Maのジルコンフィッショントラック年代が得られています．

●写真2
三重県多気町のトーナル岩マイロナイトと和泉層群との境界断層．画面右端より数10 mの位置に中央構造線が存在．崖の東側（製薬会社敷地内）に，中央構造線の露頭が存在．

●写真3
写真2の境界断層付近の面状カタクレーサイト．複合面構造（P-Y-R_1）は左ずれを示す．

文　献：諏訪兼位ほか，1997，地質学雑誌，**103**(11)，口絵．
　　　　Takagi, H., Shimada, K., Iwano, H. and Danhara, T., 2010, Jour. Geol. Soc. Japan, **116**, 45-50.

写真1：三重県松阪市飯高町月出
　　　　（34°26′18.5″N, 136°11′22.4″E）
交通：国道166号線を奈良県方面に進み飯高町に入って2つ目のトンネルの手前を右折．月出の里方面に進み，月出の里の案内所より1.5 km先に案内図がある．
地図：国土地理院 1/25,000 地形図「菅野」

写真2：三重県多気町五桂新田（こかつらしんでん）
　　　　（34°27′57.5″N, 136°31′52.2″E）
交通：勢和多気インターより車で5分．
地図：国土地理院 1/25,000 地形図「国束山」
関連URL：中央構造線ってなに？
http://www.osk.janis.or.jp/~mtl-muse/subindex03.htm

●写真・解説：高木秀雄

No. 012 中央構造線湯谷口露頭
Median Tectonic Line, Yuyaguchi outcrop, Ehime

●写真1
中山川左岸の中央構造線全景：左側（下位）より三波川帯泥質片岩，安山岩岩脈，主に和泉層群由来の断層ガウジが認められる．

愛媛県西条市丹原町湯谷口の中央構造線の露頭は，中山川の両岸で露頭が観察できるだけではなく，下流側の和泉層群中には中央構造線の活断層としての川上断層の破砕帯が観察でき，愛媛県の天然記念物に指定されています．写真1で示した物質境界としての中央構造線は走向がN80°Eで北に約30°傾斜しており，下盤側の三波川変成岩と上盤側の和泉層群の砂岩泥岩互層との間に，厚さ4mの安山岩脈が貫入しています．この安山岩脈と三波川変成岩（泥質片岩）の中には，黒色緻密なカタクレーサイトやシュードタキライトが認められます（写真2）．また，川上断層沿いの断層ガウジには，右ずれを示す構造が観察できます（写真3）．西条市では，湯谷口のほかに，その東方の市之川にも酸性火山岩脈によって貫かれている中央構造線の露頭が存在します．

文 献：岸　家光・原　郁夫・塩田次男，1996，テクトニクスと変成作用．創文，227-232.
　　　　岡田篤正・杉戸信彦，2006，地質学雑誌，**112** 補遺，117-136.

●写真2

中山川左岸の断層岩類：下位より泥質片岩由来のカタクレーサイトとウルトラカタクレーサイト，安山岩を貫くシュードタキライト脈（黒色炎状の部分），および安山岩角礫化帯．ほぼ垂直の露頭面．安山岩角礫化帯には，P-R_1面が認められ，上盤北の正断層センスが読み取れる．

●写真3

中央構造線湯谷口露頭と隣接する中央構造線活断層（川上断層）の断層ガウジ（中山川河床の水平面の露頭）．右ずれを示す非対称クラストーテイル構造（矢印）が認められる．

場所：愛媛県西条市丹原町湯谷口
　　　(33°51′18″N, 133°00′43″E)
交通：伊予小松駅から南西へ10kmにある露頭．国道11号線の道沿い北側の中山側に下る場所に説明板がある．そのすぐ北側の中山川河床に露出．
地図：国土地理院1/25,000地形図「伊予小松」
関連URL：中央構造線ってなに？
http://www.osk.janis.or.jp/~mtl-muse/subindex03.htm

●写真・解説：高木秀雄

No. 013 中央構造線，砥部衝上断層
Median Tectonic Line, Tobe Thrust, Ehime

●写真1
砥部衝上断層の露頭（砥部川左岸）．

砥部衝上断層は，三波川変成岩を不整合で覆う中新統久万層群の礫岩層の上に，上部白亜系和泉層群の砂岩泥岩互層が衝上している断層で，国の天然記念物になっています．砥部衝上断層公園の南側（上流側）では，三波川変成岩と久万層群の間の不整合の露頭も観察できます．久万層群と和泉層群の間の断層には写真のように褐色を帯びた岩石が挟まれていますが，それは火成岩脈ではなく，三波川帯の石灰質泥質片岩由来のやや固結した断層ガウジです．この断層ガウジには複合面構造が発達し，上盤北への正断層センスが明瞭です．すなわち，久万層群堆積後の衝上運動の後に，南北伸張場となって正断層運動を重複しました．その時期は，断層ガウジの年代から，石鎚層群噴出の時期（約1,400万年前）と考えられています．したがって，衝上運動の時期は久万層群堆積後の1,500万年前ごろに絞られます．砥部衝上の東方延長では北傾斜の逆断層が物質境界としての中央構造線となっておらず，その北側の南傾斜の逆断層に地表のトレースとしての中央構造線は延びることが知られています．

文　献：高木秀雄・竹下　徹・柴田　賢・内海　茂・井上　良，1992，地質学雑誌，**98**，1069-1072．

●写真2
写真1の拡大．P-Y-R₁複合面構造は，上盤北ずれの正断層センスを示す．

●写真3
右岸の露頭．断層破砕帯の影響で右側（南側）が滝となっている．矢印が久万層群とその上に乗る三波川変成岩由来のガウジとの境界．

場所：愛媛県伊予郡砥部町岩谷口
　　　(33°43′56.6″N, 132°47′44.3″E)
交通：松山ICから車で20分，国道379号線沿いに砥部衝上断層公園の案内板・駐車場あり．バスは松山市から路線バス砥部断層口下車．
地図：国土地理院 1/25,000 地形図「砥部」
関連URL：中央構造線ってなに？
http://www.osk.janis.or.jp/~mtl-muse/subindex03.htm

●写真・解説：高木秀雄

No. 014 仏像構造線
Butsuzo Tectonic Line, Mié

　関東山地から西南日本を縦断し，南西諸島まで延びている仏像構造線（仏像線）は，西南日本外帯の秩父帯（南帯または三宝山帯：ジュラ紀付加体）と，四万十帯（北帯：白亜紀付加体）を境し，秩父帯の地層が四万十帯の地層に乗り上げた衝上断層です．写真は三重県大紀町の林道沿いに露出する仏像構造線の主断層面です．下盤側の黒色岩石が四万十帯のメランジュ中の泥岩，上盤側の明色岩石が秩父帯のメランジュ中の砂岩であり，走向は西北西-東南東，傾斜は32～42°Nです．その間には幅約1m前後の断層ガウジ帯が四万十帯側に発達しています．

文　献：加藤　潔・坂　幸恭, 1995, 早稲田大学教育学部学術研究, no. 44, 1-8.

場所：三重県度会郡大紀町
　　　（34°18′54.2″N, 136°27′37.5″E）
交通：JR紀勢本線伊勢柏崎駅付近より国道42号線沿いに1.5km東を右折，注連小路川沿いに東北東方向へ登り，T字路を右折，林道南紀南島線沿いに約300m地点．
地図：国土地理院1/25,000地形図「古和浦」

●写真・解説：太田　亨

| No. 015 | # 安芸構造線
Aki Tectonic Line, Tokushima |

安芸構造線は四国の四万十帯を，北側の白亜系と南側の古第三系〜新第三系に分ける断層です．上盤（左）が白亜系の千枚岩質泥岩，下盤（右）が古第三系の砂岩です．断層面は現在北に70°傾斜していますが，九州の四万十帯を二分する延岡衝上断層と同様に，もともと低角な衝上断層として形成され，断層を含む上盤・下盤の地層全体が高角傾斜に変化した衝上断層であると考えられます．

文　献：村田明広, 1999, 構造地質, no.43, 61-67.

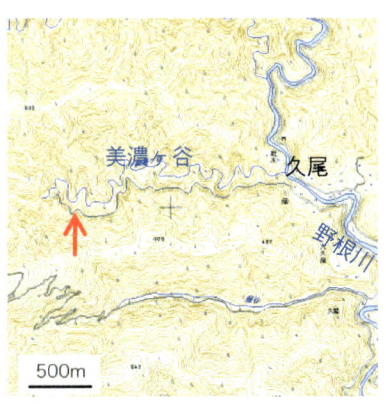

場所：徳島県海部郡海陽町久尾
　　　（33° 35′ 39″ N, 134° 11′ 44″ E）
交通：宍喰から西北西へ車で約5km行くと久尾集落があり，そこから西へ延びる林道の奥まった所．
地図：国土地理院1/25,000地形図「久尾」

●写真・解説：村田明広

甑島の鹿の子断層
Kanoko Fault in the Koshiki Island, Kagoshima

●写真1
鹿の子断層（矢印）．海岸線には厚さ約8ｍの破砕帯（黒色部）が露出し，丘の上には断層鞍部が見られる．断層より左側（北側）が砂岩層（中甑層），右側（南側）が砂岩頁岩互層（姫浦層群）．

　鹿の子断層は鹿児島県西方東シナ海に並ぶ甑島列島の中甑島北部に分布する巨大な正断層です．この断層は北西-南東走向で，8ｍの厚い破砕帯を持ち，北側に始新世の河川堆積物からなる中甑層，南部は白亜紀後期姫浦層群からなります．層序の食い違いから約800ｍずれていると推定されます．甑島列島から天草にかけて，同様の正断層系が発達しており，甑島列島の島々の境界では，この断層系の影響による地層のずれが確認できます．西～北西九州（西南日本内帯）には，古第三紀に北東-南西方向の伸張場にともなう堆積盆が発達し，炭田を形成しています．このような伸張場にともなう断層系は，ほとんど陸上では露出がみられません．連続性がよく，露頭状態もよい鹿の子断層は，古第三紀における九州内帯の伸張テクトニクスを物語る重要な断層です．

文　献：Tonai, S., Suganuma, Y., Ashi, J., Itaya, T., Oiwane, H. and Kiyokawa, S., 2011, Tectonophysics, **497**, 71-84.
　　　　藤内智士・大岩根尚・清川昌一，2008，地質学雑誌，**114**，547-559.

●写真2
断層露頭の近接写真．姫浦層群由来の破砕帯と，断層の上盤をなす上甑層（左側灰色部）の砂岩との境界部．破砕帯では砂岩がレンズ状に引き延ばされている．

断層

●写真3
断層破砕帯の接写断面．伸張線構造および複合面構造（P-R₁構造）から，上盤側が向かって左側（北側）に動いていることがわかる．

場所：鹿児島県薩摩川内市中甑島北部
　　　（31°49′08″N, 129°50′20″E）
交通：串木野からフェリーで里村，里村から車で約20分，鹿の子大橋から徒歩5分（満潮時には渡れません）．
地図：国土地理院 1/25,000 地形図「中甑」
関連URL：鹿児島フィールドミュージアム（地質）
http://eniac.sci.kagoshima-u/~kaum/index2.html

●写真・解説：清川昌一

No. 017

鳴門の和泉層群中のデュープレックス
Duplex in the Izumi Group in Naruto, Tokushima

このデュープレックスは国内に知られているデュープレックス構造の中で最も教科書的なもので、大変貴重な露頭です。白亜系和泉層群の砂岩泥岩互層中に見られ、ルーフ衝上断層とフロアー衝上断層に挟まれて同一層準の地層が少なくとも17回繰り返しています（写真1）。このデュープレックスでは、ルーフ・フロアーとも、60°程度右（東）に傾斜し、見かけの上側が下降した正断層のような変位を示しています（写真1）。このデュープレックスは、周辺の地層も含めてほぼ水平であった時に衝上断層に伴って形成され（写真2、図1）、その後、全体が時計回りに回転して右に傾斜したと考えられます。このデュープレックスは、断層で囲まれた個々のブロック（ホース）の長さよりも個々の衝上断層の変位量が小さいため、後背地傾斜デュープレックスに分類されます。

●写真1
和泉層群の砂岩泥岩互層中のデュープレックス（中央部）.

文　献：全国地質調査業協会連合会，地質情報整備・活用機構編，2010，日本列島ジオサイト 地質百選Ⅱ，オーム社，126-127.
　　　　Boyer, S. E. and Elliott, D., 1982, Bull. Amer. Assoc. Petrol. Geol., **66**, 1196-1230.

●写真2
回転前の鳴門の衝上性デュープレックスの形成.

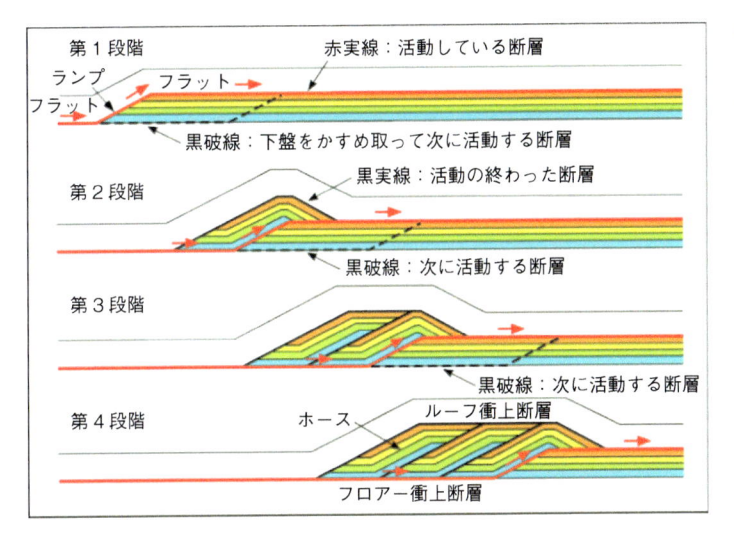

●図1
デュープレックスの形成過程
(Boyer and Elliott, 1982を改変).

場所：徳島県鳴門市中山
　　　(34°12′18″N, 134°34′18″E)
交通：高松自動車道鳴門ICから国道11号を高松方面へ約4km，県道42号との交差点を鳴門方面へ曲がり，最初の信号を右に曲がって少し行った左手の採石場跡.
地図：国土地理院 1/25,000 地形図「坂東」

●写真・解説：村田明広

| No. 018 | **屋久島のデュープレックス**
Duplex structures in Yakushima, Kagoshima

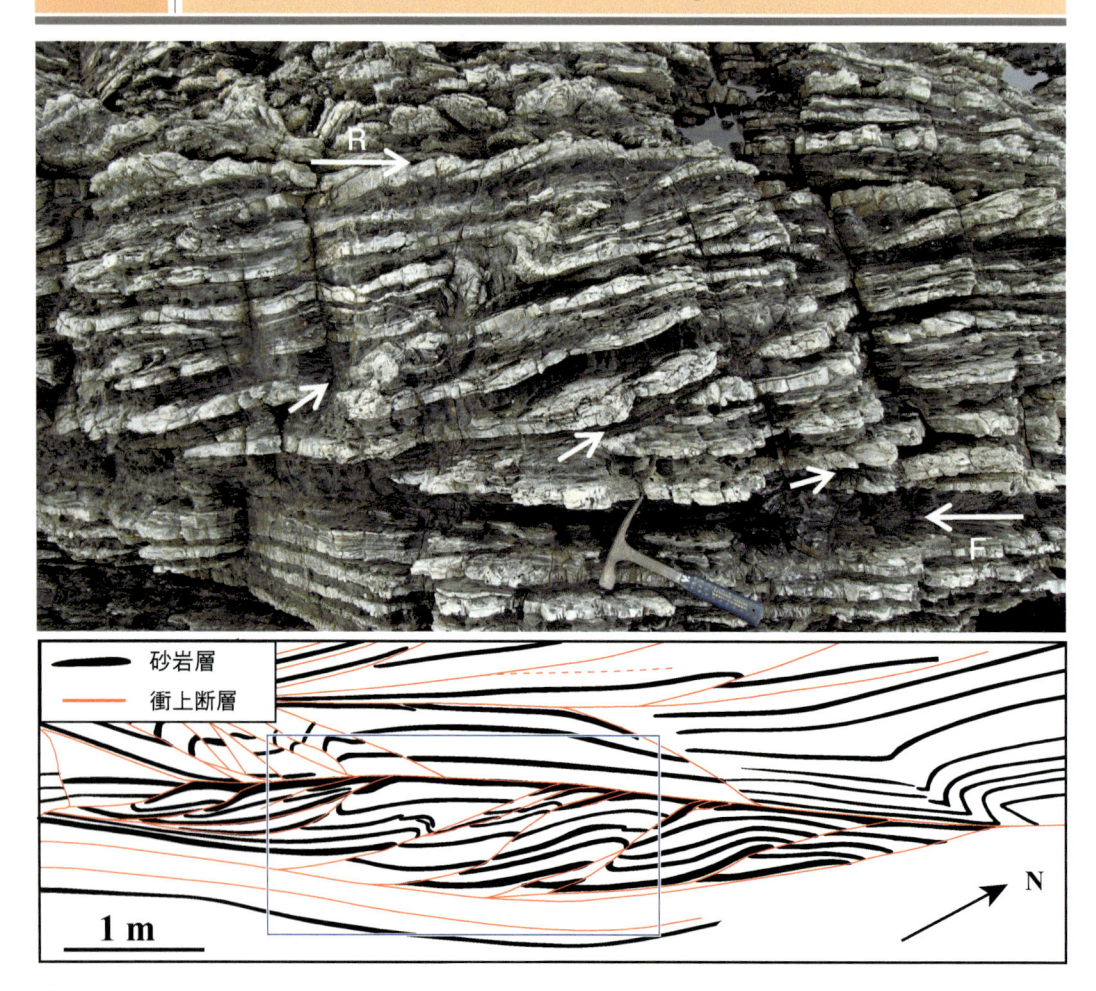

断層

●写真1
屋久島の四万十帯に発達するデュープレックス構造.「R」が付いた矢印はルーフ衝上断層,「F」はフロアー衝上断層.フロアー衝上断層から分岐するランプ断層（短い矢印）に沿って上位の砂岩層が褶曲している様子が観察できる.

屋久島北東部の楠川地域の四万十帯には，No. 99で紹介する砂岩脈のほか，デュープレックス構造を見ることができます．デュープレックス構造は，ある地層が衝上断層によって何度も重なっており，それらがフロアー衝上断層（写真のF）とルーフ衝上断層（R）によって周辺を完全に囲まれて，両者を連結するランプ断層（短い矢印）が存在することが特徴です．写真の露頭では，断層に沿って上位の砂岩層が引きずられて褶曲している様子も観察できます．デュープレックス構造は，沈み込み帯における底付け作用（沈み込むプレートの物質が地下深部で上盤プレートに受け渡される）の変形機構として注目されています．

● 写真 2

屋久島の四万十帯に発達するデュープレックス構造．位置は，写真1の約20 m南．南に向かって撮影．写真に写っている範囲だけでも，20以上のホースが積み重なっており，相当な短縮量を見積もることができる．この露頭から北に振り返ると，写真1のデュープレックスを断面方向に観察できる．この露頭から約30 m南東にも同様のデュープレックス構造が観察できる（詳しくは，山本・安間，2006）．

文　献：山本由弦・安間　了，2006，地質学雑誌，**112**，XVII–XVIII．
Yamamoto, Y., Tonogai, K. and Anma, R., 2011, Tectonophysics, doi：10.1016/j.tecto.2011.10.018．

場所：鹿児島県熊毛郡屋久島町楠川
　　　（30° 25′ 0″ N, 130° 35′ 48″ E）
交通：路線バス楠川バス停から徒歩15分．
地図：国土地理院 1/25,000 地形図「屋久宮之浦」

● 写真・解説：山本由弦・安間　了

No. 019 | # 上麻生のデュープレックス
Duplex of accretionary complex in Kamiaso, Gifu

岐阜県七宗町上麻生の飛騨川沿いには美濃帯上麻生ユニットのジュラ紀付加複合体が非常に良く露出しています．中でも上麻生礫岩はジュラ紀中期のタービダイト層（砂岩泥岩互層）中に挟まれた層間礫岩で，日本最古の岩石（片麻岩礫）を含むことで有名です．その上麻生礫岩のすぐ下流側（南側）のタービダイト層中に，数十cm規模のデュープレックスが見られます．写真では，灰色の部分はタービダイトの砂質部で，黒色の部分は泥質部です．このデュープレックスでは，ほぼ単層のタービダイトが断層で複数回（少なくとも8回）積み重なっているのが観察されます．

文　献：日本地質学会編，2006，日本地方地質誌4 中部地方，220-221．

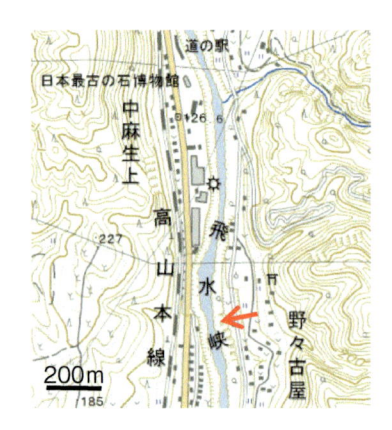

場所：岐阜県加茂郡七宗町上麻生
　　　（35°31′34″N, 137°6′57″E）
交通：JR高山本線上麻生駅下車，徒歩20分．
地図：国土地理院 1/25,000 地形図「上麻生」
関連URL：日本最古の石博物館
http://www.rd.mmtr.or.jp/~nihon315/

●写真・解説：亀高正男

No. 020 三波川帯の伸張デュープレックス
Extensional duplex in the Sanbagawa Belt, Ehime

愛媛県新居浜市に分布する三波川変成岩では，変成岩上昇時の変形（D2時相）として北東-南西走向，北西傾斜の正断層が高い密度で発達しています．写真は平行に発達する数条の正断層が伸張デュープレックス構造を形成しており，国内では大変めずらしい構造です．ランプ断層（写真矢印）に沿って片理面が引きずられており，正断層であることが明瞭です．ルーフ断層の上位へは，下位のランプ断層は連続しておらず，またルーフ断層に沿って厚さ15 cmの石灰岩が挟まれています．石灰岩中では著しい剪断塑性変形が生じており，その剪断方向がほぼルーフ断層の傾斜方向であったことが，方解石の結晶軸ファブリックの解析から明らかにされています．

文　献：東野外志男，1990，地質学雑誌，**96**，703-718.
　　　　El-Fakharani, A-H. and Takeshita, T., 2008, Journal of Asian Earth Sciences, **33**, 303-322.

場所：愛媛県新居浜市国領川入口から約1km上流（南方）の立川集落付近
　　　（33°54′38″N，133°18′30″E）
交通：松山自動車道新居浜IC下車，マイントピア別子方向に車で10分.
地図：国土地理院 1/25,000 地形図「別子銅山」
関連URL：ジオテクトニクスグループ
http://geotec.sci.hokudai.ac.jp/geotec/

●写真・解説：竹下　徹

No. 021　千屋断層
Senya Fault, Akita

1896（明治29）年8月31日に発生した陸羽地震（M7.2）は，千屋断層等が引き起こした典型的な逆断層タイプの地震です．この時，千屋丘陵の西麓，大道川と菩提沢川の合流地点では，完新世の河岸段丘面上に比高1.5mほどの低断層崖が形成されました．露頭で観察される断層面の傾斜は約30°で，断層に沿って段丘堆積物の変位を引き戻すとこの低崖は消えてしまいます．このことから，この断層はまさに陸羽地震の時の変位を示すものと考えられます．現在では大道川の河川改修によって，露頭の下半分は石垣で見えなくなっています．

文　献：今泉俊文・楮原京子・大槻憲四郎・三輪敦志・小坂英輝・野原　壯, 2006, 活断層研究, **26**, 71-77.

場所：秋田県仙北郡美郷町千屋上花岡
　　　（39°27′4″N, 140°35′53″E）
交通：JR大曲駅より車で40分．
地図：国土地理院 1/25,000 地形図「六郷」

●写真・解説：楮原京子・今泉俊文

No. 022 伊那谷断層帯，念通寺断層
Inadani Fault Zone, Nentsuji Fault, Nagano

活断層

毛賀沢川右岸に見られるこの露頭は，領家帯の花崗岩（写真右，西側）が天竜川の段丘礫層（写真左，東側）の上にのし上げる逆断層の露頭です．伊那谷には中央アルプス山麓部と盆地中央部の2列に分かれて伊那谷断層帯が通っています．この断層は盆地中央部の断層の一つで，念通寺断層（松島，1995）と呼ばれています．断層沿いには2cmほどのガウジと高角度の条線が観察できます．礫層側には主断層と平行する副断層が2～3本あり，それぞれの断層付近の礫が回転しています．また礫層に挟まれる砂層の引きずりも観察できます．小断層崖の上には鈴岡城址があり，天竜川の段丘・丘陵・伊那山脈がよく展望できます．

文　献：松島信幸，1995，飯田市美術博物館調査報告書，3，145p.
　　　　村松　武，2004，伊那谷自然史論集，5，5-10.

場所：長野県飯田市駄科毛賀沢川右岸
　　　（35°29′05″N, 137°49′43″E）
交通：JR飯田線毛賀駅から徒歩30分．
地図：国土地理院1/25,000地形図「時又」
関連URL：
下伊那ふるさと散歩
http://iida-museum.org/user/nature/sanpopic/nentu.htm
長野県の地学，長野県地学ガイド
http://www2.ueda.ne.jp/~moa/nentuji.html

●写真・解説：村松　武

| No. 023 | **井戸沢断層（帯）**
Itozawa Fault (Zone), Fukushima |

活断層

●写真1
いわき市田人町黒田湯ノ倉の西約 800 m の地点で，植林用の道路を切る断層崖．写真は西から東方向を見ている．スタフ棒の長さは 2 m で，上下変位量は約 1.8 m．（優秀写真）

2011 年 4 月 11 日 17 時 16 分に，福島県いわき市で Mj7.0，最大震度 6 弱の地震が発生しました．この地震は Mw9.0 を記録した 3.11 東北地方太平洋沖地震の誘発地震（広義の余震）の一つです．これは井戸沢断層帯の湯ノ岳断層などの活動によるもので，いわき市内に地表地震断層が現れました．特に，井戸沢断層帯の断層では長さ約 13 km にわたり，平均 N25°W の走向で，東側が相対的に隆起する正断層による断層崖が現れました．上下方向のずれの量は，大きなところでは 2 m を超えます．

文　献：活断層研究会（1991）新編日本の活断層，東京大学出版会．

活断層

● 写真 2
いわき市田人町黒田赤仁田の西約 500 m で別当川沿いの林道を切っていた露頭．この露頭自体は道路復旧のため無くなっているが，隣接している場所に断層崖が続いている．断層崖の上下方向のずれは約 2 m．

● 写真 3
いわき市田人町黒田湯ノ倉の西約 900 m の山間部の露頭．断層面上に南に沈下した明瞭な条線が見られる．この露頭の約 40 m 南で最大変位量 2 m が報告されている（応用地質 2011）．

場所：福島県いわき市田人町黒田
写真 1：36°59′29″N，140°41′21″E
写真 2：36°58′24″N，140°41′52″E．
写真 3：36°59′35″N，140°41′16″E．
交通：常磐道いわき勿来 IC から国道 289 号，福島県道 134 号，県道 71 号．
地図：国土地理院 1/25,000 地形図「上平石」
関連 URL：
地表地震断層［井戸沢断層］/応用地質株式会社
http://www.oyoene-db.com/web/topics_h_001.html
そのほか，東京大学地震研究所，産業技術総合研究所，国土地理院，土木研究所などに関連 URL あり．

● 写真・解説：重松紀生

No. 024 糸魚川-静岡構造線断層帯，下円井断層
Itoigawa-Shizuoka Tectonic Line, Shimotsuburai Fault, Yamanashi

●写真1
糸魚川-静岡構造線断層帯，下円井断層戸沢露頭．

写真1は韮崎市円野町下円井の戸沢下流に見られ，「円井押しかぶせ断層」として大塚（1941）によって発見された有名な活断層露頭です．戸沢左岸沿いに10m以上の範囲で露出しています．上盤側の石英閃緑岩起源のカタクレーサイトと下盤側の段丘砂礫層との境界断層面の走向・傾斜はN20°W，10〜20°Wです．上盤側の石英閃緑岩中に多く見られる黒色脈状岩（写真の左下部）は，粉砕起源のシュードタキライトです（狩野ほか，2004；Lin et al., 2011）．写真2の露頭は，戸沢露頭（写真1）の南東側約5km，韮崎市清哲町水上の竪沢下流に露出する逆断層露頭です．上盤側の石英閃緑岩は下盤側の段丘砂礫層と接しています．断層の走向・傾斜はN20°E，30〜40°Wです．断層面近傍の幅約1.5mの断層破砕帯中に見られる黒色の脈状またはネットワーク状の断層岩は，粉砕起源のシュードタキライトです（Lin et al., 2011）．これらの断層露頭は，糸魚川-静岡構造線断層帯の代表的活断層露頭であるとともに，過去の地震断層活動性を示す「地震の化石」であるシュードタキライトを含む地震断層岩研究の重要な露頭です．

文　献：大塚弥之助，1941，地震研彙報，**19**，115-143.
　　　　狩野謙一・林　愛明・福井亜希子・田中秀人，2004，地質学雑誌，**110**，779-790.
　　　　Lin, A., Shin, J., and Kano, K., 2011, Journal of Geology, in press.

●写真2
糸魚川-静岡構造線活断層系「竪沢露頭」．格子線の間隔は1m.

●写真3
写真2のシュードタキライト脈の拡大写真．黒色脈を横切っている褐色脈は灰色脈により切られている構造が観察され，シュードタキライト脈を形成する複数回の地震断層運動があったことを示す．

活断層

写真1：韮崎市円野町下円井の戸沢下流
　　　（35°45′01″N, 138°23′50″E）
交通：車で12号道円野町入戸野から西へ約2分（戸沢露頭）．

写真2,3：韮崎市清哲町水上の竪沢下流
　　　（35°42′27″N, 138°25′12.6″E）
交通：車で12号道神山町広神社交差点から約2分（竪沢露頭）．
地図：国土地理院 1/25,000 地形図「韮崎」

●写真：林　愛明　●解説：林　愛明・狩野謙一

No. 025　飯田-松川断層
Iida-Matsukawa Fault, Nagano

●写真1
桐の木沢に見られる飯田-松川断層（矢印）の露頭．

飯田-松川断層は，木曽山脈の領家帯を横切る横ずれ成分優勢の活断層で，北西-南東方向に約15km延びています．写真1は，長野県飯田市上飯田町，松川ダム北部の桐の木沢にみられる飯田-松川断層の露頭です．露頭の上部では，花崗岩を覆っている約2万年前に離水した段丘堆積物（砂礫層）が断層により変位していることが知られています．また，露頭下部の花崗岩では，面構造が発達した花崗岩起源のカタクレーサイト中にシュードタキライト脈（写真2）と断層ガウジの注入脈が露出しています．断層面の全体の走向・傾斜はN40°W，70°Wで，南西側の花崗岩が見かけ上鉛直方向に5m以上上昇していますが，断層面の条線は横ずれ成分優勢を示しています（写真3）．この露頭は，世界で初めて記載された粉砕起源のシュードタキライトを産出した断層露頭として知られています（林，1989；林ほか，1994；Lin, 1996）．

文　献：林　愛明，1989，活断層研究，no. 7, 49-62.
　　　　林　愛明・松田時彦・嶋本利彦，1994，構造地質，no. 39, 51-64.
　　　　Lin, A., 1996, Engineering Geology, **43**, 213-224.

●写真2
写真1の断層露頭の下部に観察される面構造が発達した花崗岩起源のカタクレーサイト中に注入した黒色・緻密な粉砕起源のシュードタキライト脈.

●写真3
横ずれを示す条線.

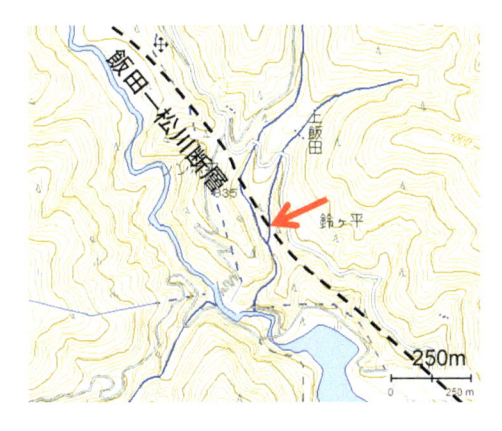

活断層

場所：長野県飯田市上飯田町
　　　(35°32′30.1″N，137°46′01.7″E)
交通：8号道の上飯田鈴ケ平（松川ダム上流）より徒歩約5分.
地図：国土地理院 1/25,000 地形図「飯田」

●写真・解説：林　愛明

No. 026 丹那断層
Tanna Fault, Shizuoka

●写真1
南東上空から見た丹那断層（白い破線）．写真左下の丹那盆地を横切り，右上の箱根火山中心部へと伸びる．

丹那断層は箱根火山・多賀火山などの中期更新世の火山斜面を切断する横ずれ断層です．1930年にM7.3の大地震を起こして，当時建設中であった東海道線丹那隧道を切断して土地を2mほど左ずれに移動させました．この断層は日本で最初に確認された横ずれの活断層であるだけでなく，断層変位量や活動間隔の詳細が判明している日本の代表的な活断層であり，1935年に国の天然記念物，2007年に日本の地質百選に指定されています．累積している断層変位量は過去40～50万年間に左ずれ約1,000mで，過去約7,000年間に9回ほぼ700～1,000年間隔で活動しています．西暦841年の伊豆国の大地震もこの断層から発生しています．そのような丹那断層の地形は写真1で概観することができます．写真3は断層の断面形態の一例で，断層の動きにより分離した岩塊がボールベアリングのように回転移動して泥炭層に食い込んでいます．

文　献：丹那断層発掘調査研究グループ，1983，地震研究所彙報，**58**，797-830．
　　　　松田時彦，1984，月刊地球，**6**，136-140．
　　　　第3次丹那断層発掘調査研究グループ（東郷正美記），1988，活断層研究，**5**，42-49．

●写真2
石で囲った円形の塵捨場の変位（右側の両矢印）と石積みの水路の変位（左側の両矢印）．写真右方が北．

●写真3
丹那断層の露頭（丹那盆地子乃神地区トレンチの北側壁面．断層東側の泥炭層の年代は約5,000年前，東側の褐白色と画面中央の白い塊は約5万年前の箱根火山新期軽石流堆積物．

活断層

場所：静岡県田方郡函南町
写真2：畑字上乙越・丹那断層公園
　　　　（35°05′47″N, 139°01′27″E）
写真3：35°06′4.7″N, 139°01′1.6″E
交通：静岡県道11号線（熱函道路）から県道135号線に入り，案内表示に従う．駐車場有．
地図：国土地理院 1/25,000 地形図「熱海」
関連URL：丹那断層ガイド
http://sk01.ed.shizuoka.ac.jp/koyama/public_html/tanna/tanna.html

●写真1：小山真人　●写真2：狩野謙一　●写真3・解説：松田時彦

No. 027 阿寺断層
Atera Fault, Gifu

●写真1
中津川市坂下町付近の木曽川段丘面群を切断する阿寺断層（矢印）．北西を望む．

　阿寺断層は下呂市付近から中津川市北東部へ北西-南東方向へ約66km延び，中部日本を代表する左横ずれ活断層です．これに沿って，比高600〜1,200mに及ぶ断層崖が形成され，これを横切る河谷に約7kmに達する左ずれ屈曲量が認められます．これらは第四紀の累積的な変位で形成されてきました．中津川市坂下町市街地付近では，木曽川が形成した段丘面群を阿寺断層が明瞭に切断し（写真1），左横ずれ量や上下変位量が求められています．何段もの段丘面群が見事に残され，変位地形が1ヶ所で観察できる場所は国内でも貴重です．また，旧加子母村舞台峠，旧付知町，旧坂下町市街地，旧山口村付近では，何段かの段丘面が阿寺断層によって切断され，明瞭な低断層崖が形成されています（写真2）．平均的な横ずれ変位速度は断層帯主部で1,000年につき約2〜4m，1回の活動で4〜5m程度の左横ずれが生じるとされています．また，最新活動時期は1586年天正地震の可能性が指摘されていますが，歴史的な地震や被害の記録はほとんど残されていません．トレンチ調査や露頭（写真3）で阿寺断層の露出が観察され，詳しい性質も解明されてきました．

●写真2
中津川市付知町の低断層崖．北西方向を望む．看板の位置を阿寺断層が通過するが，この付近では低位段丘面に比高約6 m，北西の倉屋付近では13 mの低断層崖が発達．トレンチ調査やボーリング調査で断層の性質が詳しく調べられ，断層面はほぼ垂直である．

●写真3
阿寺断層の破砕帯の露頭．中央の暗灰色のガウジ帯を挟んで右（西）側が濃飛流紋岩の断層角礫，左（東）側が苗木花崗岩のカタクレーサイト．暗灰色のガウジ帯には濃飛流紋岩・苗木花崗岩の角礫のほかに，上野玄武岩起源と推定される苦鉄質岩の角礫も含まれる．

文　献：Sugimura, A. and Matsuda, T., 1965, Geol. Soc. Am. Bull., **76**, 509-522.
佃　栄吉・粟田泰夫・山崎晴雄・杉山雄一・下川浩一・水野清秀，1993, 2.5万分の1阿寺断層系ストリップマップ説明書．構造図7，地質調査所，39p.
Niwa, M., Mizuochi, Y. and Tanase, A., 2009, The Island Arc, **18**, 577-598.
岡田篤正・池田安隆・中田　高，2006，1：25,000 都市圏活断層図　阿寺断層とその周辺「萩原」「下呂」「坂下」「白川」解説書．国土地理院技術資料D・1-No. 458.

写真1：岐阜県中津川市坂下町
　　　　（35°34′38″N, 137°31′52″E）
交通：中央本線「坂下駅」下車数分
写真2：岐阜県中津川市付知町付知
　　　　（35°40′03″N, 137°25′16″E）
交通：中央自動車道中津川インターより車50分
写真3：岐阜県中津川市川上上平
　　　　（35°36′21″N, 137°29′49″E）
交通：中央自動車道中津川インターより車30分
地図：国土地理院 1/25,000 地形図「妻籠，中津川，付知，三留野」
関連URL：阿寺断層帯の長期評価について
http://www.jishin.go.jp/main/chousa/04dec_atera/index.htm

●写真1, 2・解説：岡田篤正　●写真3：丹羽正和

活断層

No. 028　根尾谷断層
Neo-dani (Neo-Valley) Fault, Gifu

●写真1
根尾谷断層の水鳥地震断層崖とその周辺（北方を望む）．

　濃尾地震は1891年10月28日午前6時37分に発生し，日本の内陸で起こった直下型地震としては最大規模（M8.0）でした．この地震の時に福井県池田町付近から，愛知県可児市付近まで延長約80kmに及ぶ地震断層が出現しました．その中部を構成する根尾谷断層のほぼ中央部に水鳥地震断層崖が現れ（写真1），上下に約6m，左横ずれ約3mの変位が生じました．この地震断層崖は日本で最大の上下変位量を持つだけでなく世界的にみても大規模なもので，外国の教科書にも写真が載せられています．昭和2年に国の天然記念物，昭和27年に特別天然記念物に指定され，保存されてきました．また，1991年に濃尾地震100周年を記念して，断層の地下観察館（写真2）と付属の施設が建設され，トレンチ両側法面に現れた断層や地質の様子を詳しく観察できるようになっています．さらに小藤文次郎（Koto, 1893）が水鳥断層崖を撮影した南側の段丘上には，断層展望台と公園も建設され，地震断層崖や地下観察館の様子を当時の写真とともに観察展望できます．

文　献：村松郁栄・松田時彦・岡田篤正，2002，濃尾地震と根尾谷断層帯－内陸最大地震と断層の諸性質，古今書院，340p.
　　　　村松郁栄・松田時彦・岡田篤正，1992，濃尾地震と根尾谷断層，根尾村教育委員会，32p.

●写真2
水鳥の地下観察館のトレンチ法面（北西側）．断層面はほぼ垂直であり，この面に沿って，基盤岩石上面の食い違いからわかるように，上下方向へ約6mの変位が生じている．この変位により，断層面近くの礫は回転して直立し，右手の礫層上部が崩れて，地表における地震断層崖が形成されている．断層周辺は幅広い破砕帯を伴う．

●写真3
本巣市根尾中における茶の木列（畑の境界）の左横ずれ．根尾の中心部：樽見から北西約2kmの中集落に濃尾地震時の左横ずれ7.4mが畑の境界線として残されている．これは濃尾地震時の最大の変位量でほぼ純粋な横ずれであり，天然記念物に2007年に追加指定された．この段丘面は約1万4,000年前に形成され，これを開析する谷は約28m左にずれている．

活断層

場所：岐阜県本巣市根尾水鳥，根尾中
　　　（35°37′02.1″N, 136°37′14.8″E）
交通：樽見鉄道水鳥駅下車，南へ5〜6分；本巣市中心部から国道157号線を北上
地図：国土地理院 1/25,000 地形図「樽見」
関連URL：濃尾断層帯の長期評価について
http://www.jishin.go.jp/main/chousa/05jan_nobi/index.htm

●写真・解説：岡田篤正

No. 029 跡津川断層
Atotsugawa Fault, Toyama

活断層

●写真1
跡津川断層真川露頭（堰堤の取り付け道路は崩落）.

　跡津川断層は富山県〜岐阜県に位置し，総延長64 kmの北東-南西に延びる右横ずれ活断層です．1858年（安政5年）に発生した安政飛越地震の震源断層であり，断層周辺の地下では，牛首断層（No. 46）や茂住-祐延断層とともに，現在でも顕著な微小地震活動が観測されています．跡津川断層東端近くに存在する真川露頭は，国内の活断層の露頭としては最大級を誇り，国の天然記念物に指定されています．写真1の左側（北西側）はジュラ紀の飛騨（船津）花崗岩であり，部分的に暗緑色の閃緑岩脈が認められます．右側（南東側）は第四紀の段丘礫層の上に，平行層理が発達した真川湖成層が重なっています．真川湖成層は断層面近傍で引きずられています．断層面は崩落する前の道路の下で直接観察され，南西に20°沈下した条線が認められます．また，断層面沿いのガウジには，右ずれを示す構造も認められます．近年筆者らはこの露頭からシュードタキライトを報告しており（写真2, 3），その中のジルコンのフィッショントラック年代としておよそ5,000万年前の古い活動の履歴が得られています．

文　献：竹内　章・道家涼介・ハスバートル, 2010, 地質学雑誌, **116**補遺, 21-36.

●写真 2
断層面と条線，花崗岩と，それを貫く閃緑岩岩脈（暗緑色部）を貫くシュードタキライトの注入脈（暗褐色部）．シュードタキライト自身も著しく破砕され，ガウジ化している．

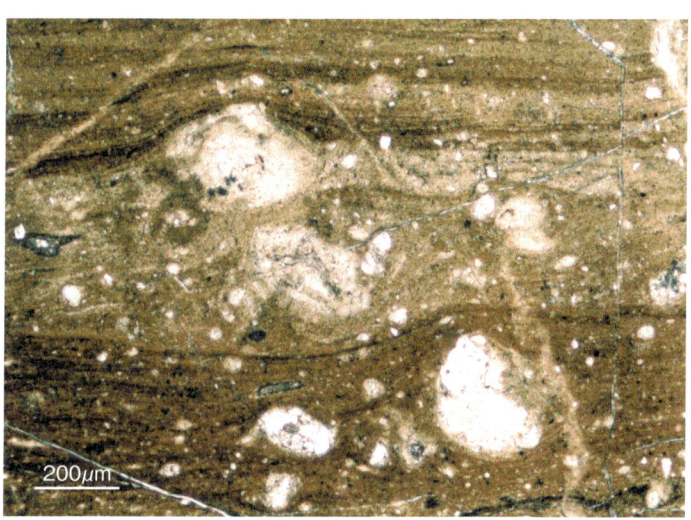

●写真 3
シュードタキライトの薄片写真（単ポーラー）．石英の周縁部がぼやけた湾入組織をもつことから摩擦熱融解が示唆される．

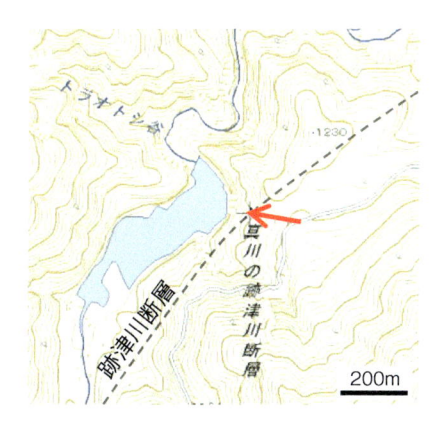

場所：富山県富山市，有峰湖北東の真川沿い
　　　(36° 31′ 16.9″ N, 137° 30′ 30.3″ E)
交通：富山地方鉄道立山駅より車で亀谷温泉-有峰湖経由で 70 分程度．真川林道は予め立山砂防事務所で入林許可を取得しておく必要がある．
地図：国土地理院 1/25,000 地形図「立山」
関連 URL：
立山カルデラ砂防博物館
http://www.tatecal.or.jp
跡津川断層帯
http://www.jishin.go.jp/main/yosokuchizu/katsudanso/f047_atotsugawa.htm

●写真・解説：高木秀雄・筒井宏輔

No. 030 野島断層
Nojima Fault, Hyogo

活断層

●写真1
北淡震災記念公園内の野島断層保存館の断層露頭の断面．過去の液状化の跡や地層のひきずりがよく観察できるほか，生け垣のずれ（写真奥）なども保存されている．国の天然記念物．

1995年1月17日午前5時46分に明石海峡を震源とするM7.3の直下型地震が神戸を中心に阪神地区を襲い，6,400名を越える犠牲者を出しました．兵庫県南部地震です．その時に淡路島北部では，野島断層が地震断層として約10 kmにわたって地表に現れました．その爪痕は淡路市（北淡町）小倉に断層保存館として，被災した民家とともに保存されています（写真1）．最大変位量を記録した野島平林では右横ずれ約2 m，垂直約1 mの逆断層成分の変位が現れ，条線の軌跡から最初に縦に，引き続き横に動いたことが読み取れました（写真2）．写真3は，東北大学大槻憲四郎教授を中心として2000年8月にトレンチした時の底面です．右ずれを示す複合剪断面が明瞭で，1995年に動いた面は野島花崗岩と大阪層群の境界面に沿って褐色に染まっていました．これは水酸化鉄の色で，薄い砂層が挟まれており，液状化を伴った部分と考えられます．この延長上で厚さ1〜10 mmの層が複数枚重なったシュードタキライトが掘削され，そのジルコンのフィッショントラック年代値として56Maという古第三紀の活動の履歴を示す値が得られています（Murakami and Tagami, 2004）．

●写真2
2方向の動きを記録している平林の断層条線．矢印は手前の地盤の相対的動きを示す（1995年3月）．

●写真3
平林における野島断層トレンチ底面．左の写真の上は花崗岩由来，下は大阪層群由来のガウジ．右ずれを示す複合面構造が明瞭．右の写真の黒色部がシュードタキライト脈（2000年8月）．

文　献：林　愛明・井宮　裕・宇田進一・三沢隆治，1995，応用地質，**36**，41-46．
　　　　Murakami, M. and Tagami, T., 2004, Geophysical Research Letters, **31**, L12604．

写真1
場所：兵庫県淡路市小倉
　　　　（34°32′58.5″N, 134°56′14.7″E）
　　　　兵庫県淡路市野島平林
交通：淡路交通西浦線震災記念公園前下車
写真2, 3　（現在写真の露頭はない）
場所：兵庫県淡路市野島平林
写真2：34°35′04.5″N, 134°58′08.3″E
写真3：34°35′01.5″N, 134°58′05″E
地図：国土地理院1/25,000地形図「仮屋，明石」
関連URL：北淡震災記念公園
http://www.nojima-danso.co.jp/

●写真1：北淡震災記念公園　●写真2, 3・解説：高木秀雄

No.031 有馬-高槻断層（帯）
Arima-Takatsuki Fault (Zone), Hyogo

活断層

●写真1
蓬莱峡の有馬-高槻断層帯六甲断層の断層破砕帯.

　写真1の露頭は，兵庫県西宮市塩瀬町生瀬蓬莱峡の南側に見られる有馬-高槻断層帯六甲断層の破砕帯です．六甲花崗岩起源のカタクレーサイトの風化作用によってできた真砂が雨水により侵食された独特の景観（badland）になっており，国立公園の一部として指定されています．この露頭の北側では，花崗岩が流紋岩質凝灰岩からなる有馬層群と断層で接しています．この断層露頭では，断層ガウジや断層角礫岩，複雑なネットワーク状に産出する粉砕起源のシュードタキライト脈，カタクレーサイトなどの断層岩が発達しており，破砕帯全体の幅は800 m以上に達します．本露頭の周辺域の変動地形と断層岩の研究により，この断層は新第三紀後期に活動を開始し，一貫して右横ずれ成分が卓越する断層運動を繰り返していることが明らかにされています．写真2は写真1の南西側約2.5 km，西宮市山口町白水峡に露出しており，有馬-高槻断層帯六甲断層南西部の破砕帯の露頭です．この露頭の断層面の走向・傾斜はN80°W，80°Sです．破砕帯中に黒色の脈状または複雑なネットワーク状の粉砕起源のシュードタキライトが産出している大変貴重な露頭です．

文　献：Maruyama, T. and Lin, A., 2002, Tectonophysics, **344**, 81-101.

●写真 2
白水峡の有馬-高槻断層帯六甲断層南西部の破砕帯の露頭．矢印は断層面を示しています．この露頭では，暗褐色や赤色，緑色などの様々な色を呈した脈状・ネットワーク状のシュードタキライトが観察される．

●写真 3
写真2のシュードタキライト脈の拡大写真．シュードタキライト脈が差別侵食により不規則な突起をなしている．

活断層

写真 1：兵庫県西宮市塩瀬町生瀬蓬莱峡
　　　　（34°48′35.4″N, 135°17′48.1″E）
写真 2：兵庫県西宮市山口町白水峡
　　　　（34°48′4.8″N, 135°16′15″E）
交通：有馬街道沿いの蓬莱峡および白水峡よりそれぞれ徒歩約10分．
地図：国土地理院 1/25,000 地形図「宝塚」
関連 URL：有馬-高槻断層帯の評価
http://www.jishin.go.jp/main/chousa/01jun_arima/index.htm

●写真・解説：林　愛明

No. 032 山崎断層（帯）
Yamasaki Fault (Zone), Hyogo

活断層

●写真1
姫路市安富町三森付近の山崎断層帯・安富断層の変位地形（南望）．

　山崎断層帯は岡山県北東部から兵庫県西部を西北西-東南東方向へ延長約80kmに走る長大な活断層であり，大原断層・土万断層・安富断層・暮坂峠断層などからなります．この中部の土万断層と安富断層は中国自動車道と一致することが多く，谷や尾根の変位地形が消失したり，不明瞭になったりした箇所が多々あります．工事中に断層破砕帯が観察され，ほぼ直立する断層面がみられました．写真1は姫路市安富町三森付近の山崎断層帯・安富断層沿いの変位地形であり，自動車道の位置を安富断層が通過しています．左手がうすづく峠で，右手（西側）は安富パーキングエリアであり，それらの間にある尾根や谷が約300m左横ずれに屈曲しています．この部分を横切る地下坑道や三角点で，連続的な観測が行われています．写真2は神戸新聞社が撮影した自動車道建設前の左横ずれが明瞭にわかる大変貴重な写真です．山崎断層帯沿いでは，トレンチ掘削調査が数ヶ所で行われ，最新の活動として，868年播磨地震（M7＋）が引き起こされたと考えられています．現在でも，この断層帯沿いに小規模から中規模の地震が多発しており，地震予知のテストフィールドとして各種の集中観測が行われてきました．

文　献：岡田篤正・東郷正美編，2000，近畿の活断層．東京大学出版会，395p.
　　　　日本地質学会編，2009，日本地方地質誌5 近畿地方，朝倉書店，323-327.

●写真2
中国自動車道建設前の山崎断層帯・安富断層(矢印の位置).谷や尾根の系統的な屈曲が明瞭に地形に記録され,左横ずれ運動が示唆される.ずれた尾根が断層の反対側の谷を塞いだ閉塞丘も明瞭である.写真1のように,この断層線の位置に自動車道が建設され,こうした地形は消失したが,残された周辺の地形の様子からわずかに変位地形がわかる.1971年7月撮影,神戸新聞社提供.

場所：兵庫県姫路市安富町三森
(安富PA：34°59′3.9″N, 134°36′11.6″E)
交通：中国自動車道山崎IC下車,東へ10数分.
地図：国土地理院 1/25,000 地形図「安志」
URL：山崎断層帯の長期評価について
http://www.jishin.go.jp/main/chousa/03dec_yamazaki/index.htm

●写真1・解説：岡田篤正　●写真2：神戸新聞社

No. 033 中央構造線断層帯，芝生衝上断層
The MTL fault zone, Shibou Thrust, Tokushima

●写真1
中央構造線芝生衝上の露頭（東方を望む）．

　四国北部を東北東-西南西方向へ長く走る中央構造線断層帯は，山地と平野との間に地形的に明瞭な境界線を形成しています．徳島県三好市三野町芝生付近には，東北東-西南西方向へ直線状に連なる中央構造線断層帯・三野断層と芝生衝上断層があり，これらに伴う変位地形や断層露頭がよく観察されます（図1）．三野断層沿いには，右横ずれを示唆する変位地形が認められ，ほぼ直立する断層破砕帯もよく観察されます．その南側を並走する芝生衝上断層の露頭が観察され，北側の基盤岩石が南側の第四系へ衝き上げている様子がわかります（写真1）．この露頭の北側（左手）の基盤岩石（断層破砕帯）には，和泉層群と三波川変成岩類とが入り交じっています．写真2の破砕帯は青緑色をした結晶片岩起源のもので，南側（右手）の第四系へ衝き上げています．このような逆断層状の断層が讃岐山脈南麓の所々でみられますが，多くの場所では北側へ高角度で傾く断層面が認められ，トレンチ掘削調査でもほぼ垂直の断層が観察されることがほとんどです．

文　献：岡田篤正・杉戸信彦，2006，地質学雑誌，**112** 補遺，117-136．
　　　　太田陽子・成瀬敏郎・田中真吾編，2004，日本の地形6 近畿・中国・四国，東京大学出版会，243-273．

●写真2
露頭の近接写真.

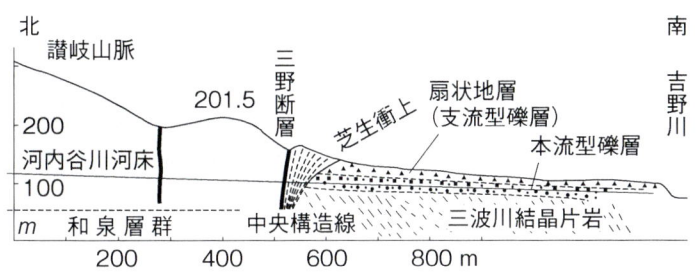

活断層

●図1
南北地形・地質断面（岡田・杉戸, 2006）.

場所：徳島県三好市三野町芝生北方付近
　　　（34°03′7.2″N, 133°57′51″E）
交通：JR徳島線江口駅から北方へ約2km（徒歩数10分程度）．徳島自動車道：美馬IC下車（西方へ数10分程度）．吉野川IC下車（東方へ数10分程度）．
地図：国土地理院 1/25,000 地形図「池田」
関連URL：中央構造線断層帯の長期評価
http://www.jishin.go.jp/main/chousa/11feb_chuokozo/index.htm

●写真・解説：岡田篤正

No. 034 中央構造線断層帯，池田断層
The MTL fault zone, Ikeda Fault, Tokushima

●写真1
三好市池田（丸山公園）よりみた池田低断層崖の地形（東方を望む）．

三好市池田には，吉野川が形成した低位段丘面（約2万数千年前に形成）が分布し，そこに池田町の市街地が発達しています．この北部を中央構造線池田断層が東北東-西南西方向へ一直線に延び，これに沿って明瞭な低断層崖の地形が形成されています．東部では比高約20mですが，西部（写真下部の土讃線の左（北）側）では約30mとなります．低位段丘面を切断する低断層崖としては国内でもっとも比高が大きく，明瞭と言えます．隆起した北側の段丘面は上野が丘とよばれ，1～2mの薄い段丘礫層の下には和泉層群が発達します．この南側の崖麓に沿って，所々に断層破砕帯が認められます．一方，南側では段丘礫層（厚さ10m＋）の下に下部第四系が−70m付近まであり，さらに下に三波川変成岩類が存在することが深いボーリング調査によって判明しました．したがって，この低断層崖は地質境界の中央構造線が活動して形成されたものです．なお，段丘面の西側になる吉野川の侵食崖は約200m右横方向へずれており，中央構造線断層帯は日本を代表するA級の右横ずれ活断層であることもわかっています．

文　献：岡田篤正・杉戸信彦，2006，地質学雑誌，**112** 補遺，117-136.
　　　　水野清秀・岡田篤正・寒川　旭・清水文健，1993，中央構造線活断層系（四国地域）ストリップマップ及び説明書．構造図8，地質調査所，63p.

●写真2

徳島県三好市池田市街地を横切る中央構造線沿いの低断層崖（西方を望む）．写真中央の低崖が低位段丘面を切断する中央構造線沿いの低断層崖．写真中央から左手を吉野川が手前（東側）へ流れている．なお，低断層崖の上方にある丸山（公園）は和泉層群の角礫と吉野川が運搬した円礫で構成され，その南側ホソノ・シンヤマとともに讃岐山脈（右手：北側）から流下した地すべり堆積物で構成されている．この崩壊により吉野川が堰き止められて，一時的に堰止め湖が出現したが，現在の位置で侵食が起こり，こうした地形が生じた．したがって，吉野川は隆起側である讃岐山脈を下刻するが，このような奇異な場所は当所以外には見あたらない．

活断層

場所：徳島県三好市池田町市街地
　　　（N34°01′44″，E133°48′04″）
交通：土讃線阿波池田駅下車北へ徒歩数分．徳島自動車道：井川池田IC下車（西方へ数分程度）．
地図：国土地理院 1/25,000 地形図「池田」
関連URL：中央構造線断層帯の長期評価
http://www.jishin.go.jp/main/chousa/11feb_chuokozo/index.htm

●写真1：高木秀雄　●写真2・解説：岡田篤正

| No. 035 | **日高変成帯のはんれい岩マイロナイト**
Gabbro mylonite in the Hidaka metamorphic belt, Hokkaido |

●写真1
面構造に垂直で線構造に平行なほぼ水平な岩石薄片を鉛直上方から見た偏光顕微鏡写真で，粗粒な粒子は輝石ポーフィロクラスト，それらの両側に細長く伸びているのは輝石の分解反応生成物（輝石＋ホルンブレンド＋石英）からなる細粒粒子集合体，透明な部分は動的再結晶斜長石粒子集合体（横幅は約 6.8 mm）．（優秀写真）

●写真 2
ほぼ水平な露頭面を鉛直上方から見た写真．黒い粒子は輝石ポーフィロクラスト，それらの両側に細長く伸びているのは細粒粒子集合体，白い層は動的再結晶斜長石粒子集合体．100円玉は直径 2.2 cm．

日高変成帯北西部に分布するパンケヌーシはんれい岩は岩体西縁に沿ってマイロナイト化しており，北北西-南南東走向でほぼ垂直な面構造とほぼ水平な線構造が発達しています．はんれい岩のマイロナイト化は，グラニュライト相条件での輝石・斜長石の結晶塑性変形と動的再結晶（Raimbourg et al., 2008），およびグラニュライト相-角閃岩相境界条件での斜長石の動的再結晶と輝石の分解反応（Kanagawa et al., 2008）によって進行したとされています．写真1に示されているように，輝石の分解反応生成物は輝石ポーフィロクラストの右上と左下に非対称に伸びており，右横ずれの剪断センスを示しています．

文　献：Kanagawa, K., Shimano, H. and Hiroi, Y., 2008, Journal of Structural Geology, **30**, 1150-1166.
　　　　Raimbourg, H., Toyoshima, T., Harima, Y. and Kimura, G., 2008, Earth and Planetary Science Letters, **267**, 637-653.

場所：北海道日高町パンケヌーシ林道
　　　（42°51′18″N, 142°40′33″E）
交通：国道274号線占瀬橋付近から車で約1時間20分．
地図：国土地理院 1/25,000 地形図「ペンケヌーシ岳」

●写真・解説：島野裕文・金川久一

幌満かんらん岩の変形
Deformation of the Horoman peridotite, Hokkaido

●写真1
輝石-スピネルシンプレクタイトを含むマイロナイト化した幌満かんらん岩（レルゾライト）の研磨片写真．右ずれの剪断センスを示す．

北海道日高変成帯最南端に分布する幌満かんらん岩は，10 km四方の広範囲に露出し，蛇紋岩化が軽微なことから，マントルでの変形や地殻貫入時の変形などがよく保存されています．変形構造の特徴から5つの構造帯に区分され，特に変形の集中した「内部剪断帯」および「基底剪断帯」には，主要構成鉱物であるかんらん石が動的再結晶によって細粒化したかんらん岩マイロナイトが観察されます．幌満川沿いのルート，アポイ岳登山ルートは，アポイ岳ジオパークの主要な観察ルートとなっています．写真1は岩体下部のポーフィロクラスティック帯に属し，斜方輝石（暗緑褐色）および単斜輝石（鮮やかな緑色）のポーフィロクラストを含みます．細い帯状の暗紫色の輝石-スピネル細粒集合体（シンプレクタイトを含む）はざくろ石の分解生成物と考えられています．塑性変形時の剪断センスは，主要構成鉱物であるかんらん石の格子定向配列，または斜方輝石の形態および格子定向配列から判断されます．

●写真2
内部剪断帯に見られる歪集中帯（赤枠部分）の研磨片写真．スケールは1目盛り1cm．

●写真3
基底剪断帯へ漸移するポーフィロクラスティック帯のポーフィロクラスティック構造（上）と基底剪断帯のかんらん岩マイロナイト（下）の薄片写真．スケールは1mm．

断層岩

文　献：Sawaguchi, T., 2004, Tectonophysics, **379**, 109-126.
　　　　日本地質学会編，2010，日本地方地質誌1 北海道地方，朝倉書店．

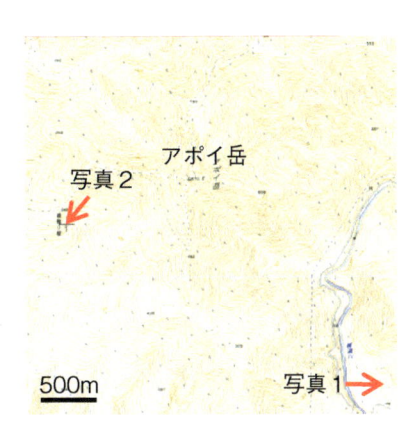

場所：北海道様似郡様似町アポイ岳周辺
写真1：42°5′26″N, 143°2′51″E
写真2：42°6′15″N, 143°0′44″E
交通：日高本線様似駅（終点）よりバスまたはタクシー10分でアポイ岳登山口．
地図：国土地理院1/25,000 地形図「アポイ岳」
関連URL：アポイ岳ジオパーク
http://www.apoi-geopark.jp/

●写真・解説：澤口　隆

No. 037 白神山地西方のマイロナイト
Mylonite on the west of Shirakami Mountains, Aomori

●写真1
花崗岩マイロナイトと花崗閃緑岩マイロナイトの相互関係を示す露頭写真（YZ～XZ面，入良川河口付近の海岸）．花崗岩マイロナイト（中央）は，花崗閃緑岩マイロナイト中に岩脈状に存在し，両者には互いに平行な面構造が認められ，暗色包有岩は面構造に平行に引き延ばされている．

青森・秋田県境の白神山地周辺には，白亜紀花崗岩類がまとまって分布しており白神岳花崗岩類と呼ばれています（片田・大沢，1964；藤本，1978）．白神岳花崗岩類は阿武隈花崗岩類に対比され（高橋，2002），海岸線沿いには見事なマイロナイトが露出しています（写真1）．マイロナイトの原岩は中粒角閃石黒雲母花崗閃緑岩および粗粒（角閃石）黒雲母花崗岩であり，花崗岩が花崗閃緑岩に貫入しており（写真1），両者はともにマイロナイト化しています．マイロナイト化の程度は，入良川河口周辺で最も強く，この強マイロナイト化帯は北東方向に向きを変え津梅川下流域へと連続しています．定方位薄片観察によって求められたマイロナイト化における剪断のセンスは，正断層成分を持った左横ずれです（写真2, 3）．

文　献：藤本幸雄，1978, 岩鉱，**73**, 5-17.
　　　　　片田正人・大澤　穠，1964, 地質調査所月報，**15**, 87-94.
　　　　　高橋　浩，2002, 地球科学，**56**, 215-216.

●写真2
白神岳花崗岩マイロナイトの露頭写真（XY面）．面構造上に北東方向へ沈下する伸長線構造が認められる．

●写真3
白神岳花崗岩を起源とする花崗岩マイロナイトの定方位スラブ写真（XZ面，河口より1kmほど上流の入良川沿いの林道）．左ずれ剪断センスを示す複合面構造が発達している．

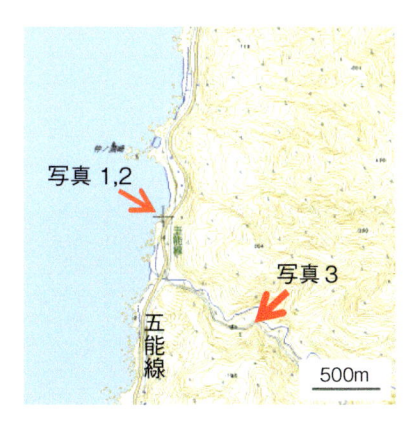

場所：青森県西津軽郡深浦町入良川河口周辺の海岸，および入良川沿い．
写真1：40°27′47″N, 139°56′40″E
写真3：40°27′24.2″N, 139°57′6.5″E
交通：JR五能線大間越駅より徒歩1時間またはタクシー．
地図：国土地理院1/25,000地形図「大間越」
関連URL：世界遺産白神山地
http://www.pref.aomori.lg.jp/nature/nature/shirakami.html

●写真1, 3・解説：高橋　浩　●写真2：高木秀雄

断層岩

No. 038 日本国マイロナイト
Nihonkoku Mylonite, Niigata

新潟-山形県境にそびえる日本国山（標高555m）周辺には，日本国マイロナイト帯が北西-南東方向に走っています．日本国マイロナイト帯はさらに南東方向へ延び三面川上流地域へと連続し日本国-三面マイロナイト帯を形成しています．これは棚倉構造線から派生した断層に伴うマイロナイト帯と考えられており，マイロナイト化作用の時期は6,000〜5,500万年前（暁新世）と考えられています．日本国マイロナイト帯を構成する諸岩石の岩相は，変形の程度により様々ですが，それらの原岩は，堆積岩類起源および花崗岩類起源のものとに分けられます．写真は複合面構造が発達した黒雲母花崗岩マイロナイトのスラブ写真（スケールは1cm）です．このように，日本国マイロナイトはすべて左横ずれのセンスを示します．

文　献：高橋　浩, 1998, 地質学雑誌, **104**, 122-136.
Takahashi, Y., Mao, J., and Zhao, X., 2012, Journal of Asian Earth Science, **47**, 265-280.

場所：新潟県村上市岩石から小俣にかけての小俣川沿いの道路沿い
（38°30′37.7″N, 139°35′40.2″E）
交通：JR羽越本線府屋駅より徒歩1時間またはタクシー．
地図：国土地理院 1/25,000 地形図「鼠ヶ関」

●写真・解説：高橋　浩

No. 039 畑川断層帯のマイロナイト
Mylonites along the Hatagawa Fault Zone, Fukushima

上の写真は，福島県浪江町昼曽根請戸川沿いの花崗岩由来のマイロナイトの露頭です．幅約1.5 mの間で西方（左側）に向かってマイロナイト化が進行しており，プロトマイロナイト（右端）ーマイロナイト（中央部）ーウルトラマイロナイト（左側の黒っぽい細粒部分）の変化が認められます．マイロナイトには南北走向でほぼ垂直の面構造とほぼ水平な線構造が発達しています．ここではカリ長石に富むアプライト脈近傍で，変形により誘起されるミルメカイト形成反応と反応軟化による変形促進のフィードバックによって，マイロナイト化が進行したことが明らかになっています（Tsurumi et al., 2008）．二長石温度計から，ミルメカイト形成反応温度，すなわちマイロナイト形成温度は340〜400℃と推定されています．

文　献：Tsurumi, J., Hosonuma, H. and Kanagawa, K., 2003, Journal of Structural Geology, **25**, 557-584.

場所：福島県浪江町昼曽根
　　　(37°32′21″N, 140°50′48″E)
交通：国道114号線昼曽根トンネル西出口から車で約1分．
地図：国土地理院 1/25,000 地形図「下津島」

●写真・解説：金川久一

断層岩

No. 040 畑川断層帯のウルトラマイロナイト
Ultramylonite along the Hatagawa Fault Zone, Fukushima

●写真1
浪江町高瀬川沿いの畑川断層西部のウルトラマイロナイト化したシュードタキライト(転石の研磨片写真). 全岩化学組成は母岩の花崗岩類のものとほとんど変わらない. 黒色の由来は, ごく微細な磁鉄鉱が生じていることによる.

畑川断層は, 主に福島県の太平洋に近い浜通り地域を北北西-南南東走向に延び, 太平洋沿岸の双葉断層と並走しています. 畑川断層より東側は南部北上帯, 西側は阿武隈帯に属することから, 畑川構造線とも呼ばれています. 畑川断層に沿って広く左横ずれのマイロナイト帯～ウルトラマイロナイト帯が存在しますが (No.39参照), それとは別に, 周囲には, 小規模な右横ずれ剪断帯が発達している領域が南-北方向に延びています. この地域のウルトラマイロナイトは内陸地震発生を考えるうえで重要な脆性-塑性遷移条件付近で形成しており, 多くの場合, ウルトラマイロナイトは塑性変形と破壊を繰り返した痕跡が見られます. 例えば, 一部のウルトラマイロナイトはもともとシュードタキライトやカタクレーサイトであったことが明らかです (写真1, 2). このような脆性-塑性遷移条件の痕跡を残す断層岩の分布は畑川断層帯の中でも限られており, 内陸地震の破壊開始過程を考えるうえで重要です.

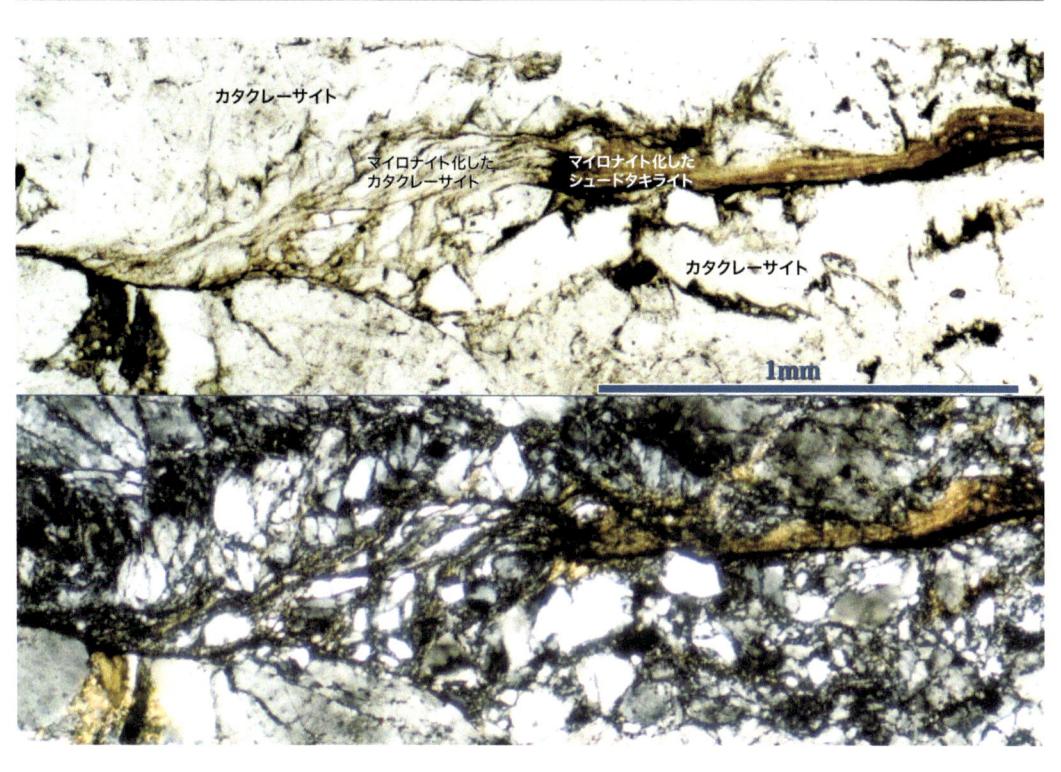

● 写真 2
花崗岩を母岩とするカタクレーサイト中に存在するマイロナイト化したシュードタキライト（褐色の部分）とその延長上（左側）のマイロナイト化したカタクレーサイト帯の顕微鏡写真．右ずれの小剪断帯に伴って変形．

文　献：Takagi, H., Goto, K. and Shigematsu, N., 2000, J. Struct. Geol., **22**, 1325-1339.
　　　　Shigematsu, N., Fujimoto, K., Ohtani, T., Shibazaki, B., Tomita, T., Tanaka, H. and Miyashita, Y., 2009, J. Struct. Geol., **31**, 601-614.
　　　　藤本光一郎・重松紀生・大谷具幸・金川久一・小澤佳奈・高木秀雄, 2004, 日本地質学会第111回学術大会見学旅行案内書．

写真 1
場所：福島県浪江町高瀬川流域

写真 2
場所：福島県浪江町請戸川流域
　　　（37°33′27.7″ N, 140°49′50.3″ E）
交通：浪江駅から車で約1時間（2011年3月11日の東北地方太平洋沖地震に伴う福島第一原子力発電所の事故により，現在立ち入ることはできない）．
地図：国土地理院1/25,000地形図「下津島」

● 写真・解説：高木秀雄・重松紀生・鈴木知明

No. 041 飛驒帯のマイロナイト
Mylonitic rocks in the Hida Belt, Toyama

●写真1
片貝川支流柏尾谷の花崗岩由来の眼球状マイロナイトのXZ研磨片写真．右横ずれを示すシアバンドが発達．眼球状カリ長石ポーフィロクラスト（やや透明）周縁部には，ミルメカイト（桃色を帯びた白濁部）が発達．

飛驒帯は古生代後期に広域変成作用を受け，主にジュラ紀の飛驒花崗岩類の貫入によって接触変成作用を受けた飛驒片麻岩が広く分布しています．なかでも片貝川流域は，花崗岩類，片麻岩，結晶質石灰岩，さらに宇奈月結晶片岩由来のマイロナイトがよく観察できます．それらの剪断センスは基本的に右横ずれです（写真1）．詳しく見ると挟在する結晶質石灰岩では，同じ南北走向，高角傾斜の面構造の姿勢をもつにもかかわらず逆断層センスが優勢です（写真2）．これは右横ずれ運動の最終ステージでトランスプレッションに伴う圧縮場がやわらかい石灰岩体のみに働いたものと解釈されています．さらに，黒部川沿いの宇奈月結晶片岩は，西に傾斜した面構造が発達し，上盤西〜南の正断層運動が読み取れます（写真3）．その理由はよくわかってはいませんが，その東側に発達する新期の深成岩類の固結した後も引き続いた隆起に伴って，弱い剪断作用を受けたものと解釈されています．

文　献：高木秀雄・原　崇，1994，地質学雑誌，**100**，931-950．

●写真2
片貝川支流東又谷(ひがしまただに)の結晶質石灰岩マイロナイトの垂直露頭．石灰岩中の珪質岩や角閃岩フラグメント周辺には非対称のテイルが発達し，上盤東の逆断層センスを示す．

●写真3
黒部川右岸，栗虫(くりむし)のレプタイト（酸性火山岩類を原岩とする変成岩）由来のマイロナイト．石英の斑晶がポーフィロクラストとして残存していることから，マイロナイト化自体は弱い．複合面構造は上盤西の正断層センスを示す．

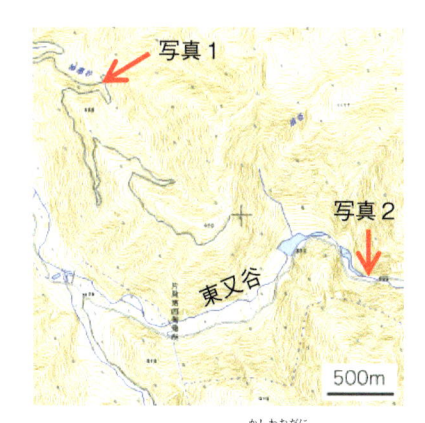

断層岩

写真1,2　富山県魚津市片貝川柏尾谷(かしわおだに)，東又谷
写真1：36°44′28.4″N, 137°31′1.8″E
写真2：36°43′44.4″N, 137°32′21.6″E
交通：新魚津駅から南東に約20 km．
地図：国土地理院1/25,000地形図「毛勝山」

写真3　黒部市栗虫の黒部川右岸
36°50′59.3″N, 137°33′52.2″E
交通：音沢駅から徒歩30分．
地図：国土地理院1/25,000地形図「船見」

●写真・解説：高木秀雄・原　崇

No. 042 鹿塩マイロナイト
Kashio Mylonite along the Median Tectonic Line, Nagano

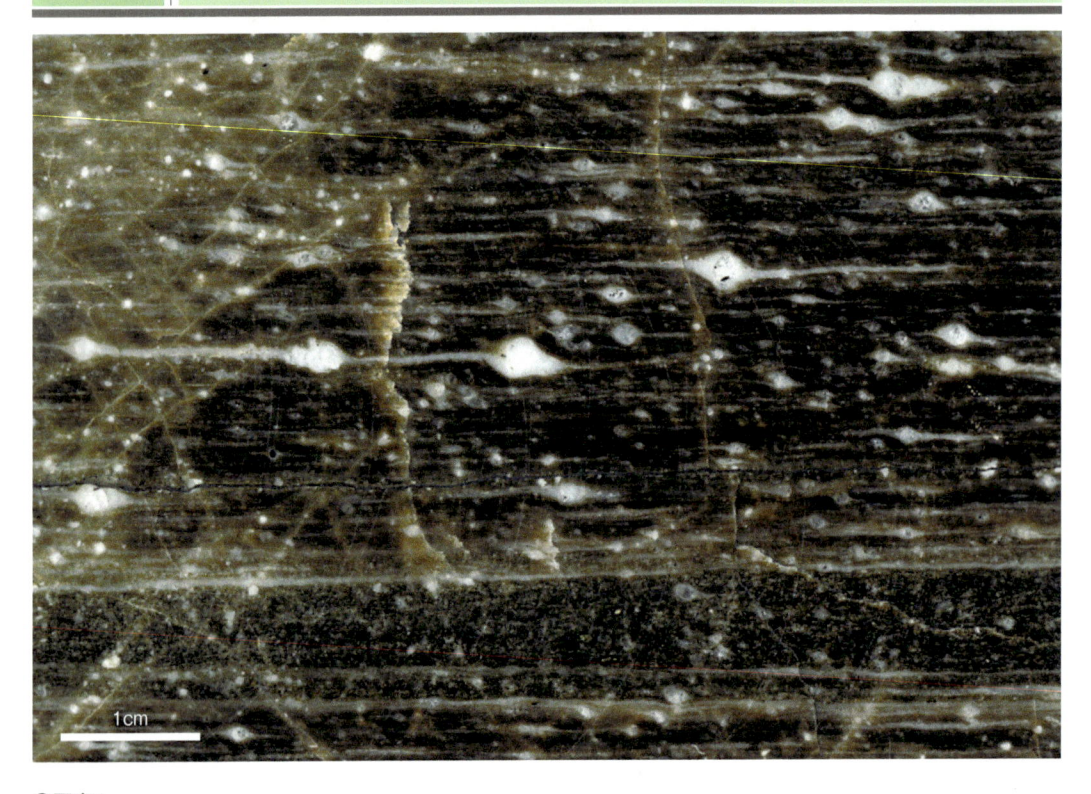

●写真1
非持トーナル岩由来のマイロナイトのXZ研磨片写真（分杭峠南の大鹿村西三ツ沢）．左横ずれセンスを示す非対称プレッシャーシャドウが発達．

Lapworthが1885年にスコットランドで「マイロナイト」（語源は「ひき臼」）を定義したわずか5年後の1890年に，原田豊吉は現在の大鹿村鹿塩地域で，中央構造線沿いに特異な変成岩を認識・記載し，「鹿塩片麻岩」と名付けました．それは花崗岩類または変成岩類由来のマイロナイトとして，1970年代後半には認識されるようになりました．中央構造線沿いのマイロナイトの中でも，分杭峠周辺のカリ長石を含むマイロナイトは，とくに非対称プレッシャーシャドウが明瞭です．斜長石ポーフィロクラストの両側に暈状に伸びるプレッシャーシャドウを構成する鉱物は，石英よりむしろカリ長石が多いことが，後方散乱電子像やカソードルミネッセンス像でも明瞭に示されています（写真2）．また，変成岩由来のマイロナイトには，白雲母フィッシュを特徴的に含みます（写真3）．

文　献：Takagi, H. and Ito, M, 1988, Journal of Structural Geology, **10**, 347-360.

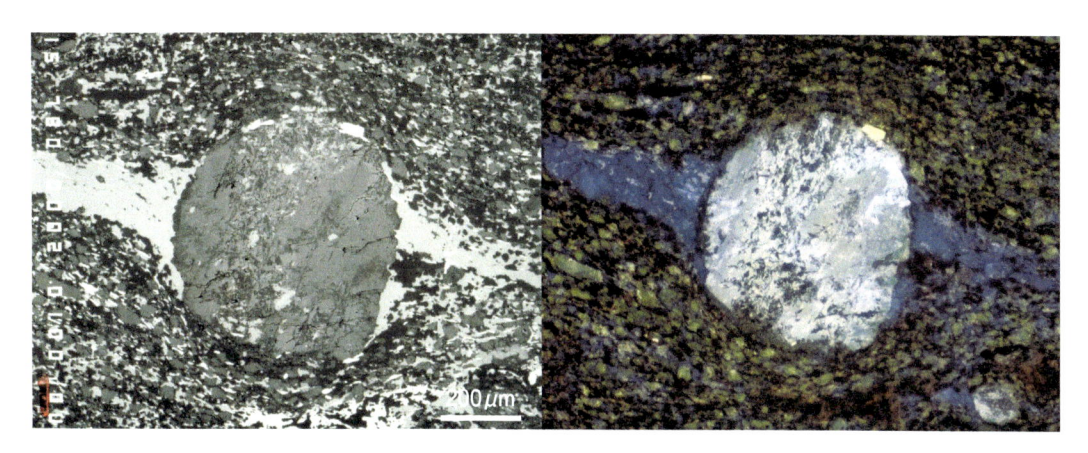

●写真2
斜長石ポーフィロクラスト両翼部のσタイプの非対称プレッシャーシャドウ．左：後方散乱電子像（BSE像），黒：石英，灰色：斜長石，白：カリ長石，黒雲母．右：カソードルミネッセンス像（CL像），暗褐色：石英，青：カリ長石，青緑：斜長石ポーフィロクラスト，暗黄色：再結晶斜長石（基質部）．カリ長石を含む花崗閃緑岩質マイロナイトの場合，プレッシャーシャドウを構成する主要鉱物はカリ長石と石英である．

●写真3
珪質変成岩由来のマイロナイト中の白雲母フィッシュ．石英の形態ファブリックとともに左ずれを示す．

場所：長野県大鹿村と伊那市長谷境界付近の分杭峠南側の枝沢（西三ツ沢）
（写真1：35°41′39.1″N, 138°03′43.4″E）
交通：大鹿村中央構造線博物館から沢の入り口まで車で25分，徒歩5分程度．
地図：国土地理院 1/25,000 地形図「市野瀬」
関連URL：大鹿村中央構造線博物館
http://www.osk.janis.or.jp/~mtl-muse/

●写真・解説：高木秀雄

No. 043 佐志生断層の蛇紋岩マイロナイト
Serpentinite mylonite along the Sashu Fault, Oita

●写真1
鉱物の配列（アンチゴライトと不透明鉱物）による面構造の発達した蛇紋岩マイロナイト．白色脈は炭酸塩鉱物．部分的にキンクバンドが認められる．露頭では面構造が不明瞭であるが，研磨片にすると明瞭である．

ウィリアム・アダムス（三浦按針）が流れ着いたとされている佐賀関半島佐志生地域には，東西方向に延びる佐志生断層の好露頭があります．この断層は南に中角度で傾斜し，上部白亜系大野川層群が三波川変成岩類の上に乗っている境界断層です．佐志生海岸の露頭では，南側に大野川層群の砂岩泥岩互層が，北側に三波川変成岩類の泥質片岩と苦鉄質片岩が分布しており，その境界は沖合の黒島にも延びています．断層沿いには蛇紋岩やはんれい岩，緑色岩のブロックが挟まれています．蛇紋岩（写真1）は面構造が発達し，クロムスピネルを取り巻く磁鉄鉱の非対称テイル（写真2）やアンチゴライトがつくる複合面構造（写真3）などの非対称組織が発達しており，佐志生断層沿いの断層ガウジに認められる複合面構造と同様に上盤西ずれ（右ずれ）の剪断センスを示します．蛇紋岩の剪断変形に伴う複合面構造は，実験でも再現されています（写真4）．

文　献：山北　聡・伊藤谷生・田中秀実・渡辺弘樹，1995，地質学雑誌，**101**，978-988.
Soda, Y. and Takagi, H., 2010, Journal of Structural Geology, **32**, 792-802.
Hirose, T., Bystricky, M., Stunitz, H. and Kunze, K., 2006, Earth and Planetary Science Letters, **249**, 484-493.

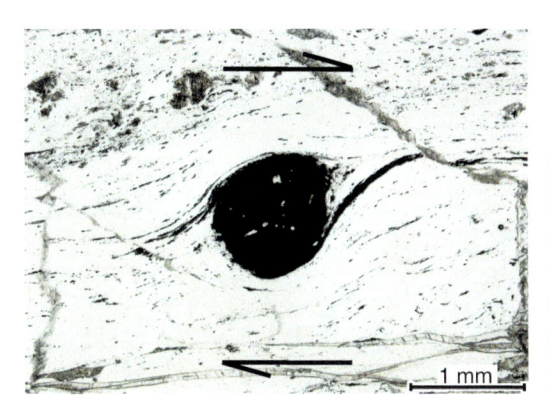

●写真2
クロムスピネルとその周りに発達したδタイプの磁鉄鉱テイル.

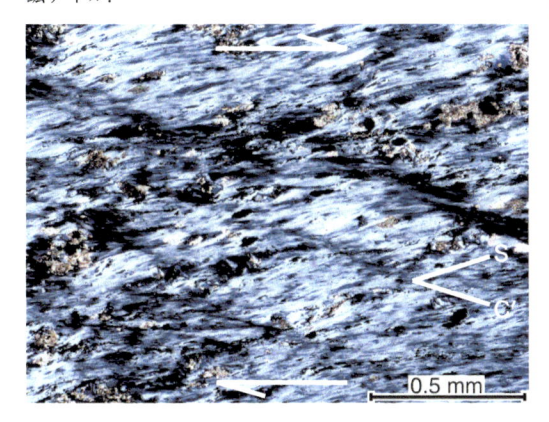

●写真3
アンチゴライトの配列がつくる複合面構造.写真4と酷似している.

●写真4
高温・高圧変形実験で再現された蛇紋岩の複合面構造.

断層岩

場所：大分県臼杵市佐志生（藤田）
　　　(33°10′16.4″N, 131°49′43.2″E)
交通：JR九州日豊本線佐志生駅から徒歩20分.
地図：国土地理院 1/25,000 地形図「坂ノ市」

●写真1〜3・解説：曽田祐介　●写真4：廣瀬丈洋

No. 044 手島の小規模延性剪断帯
Small-scale ductile shear zones in Teshima Island, Kagawa

瀬戸内海塩飽諸島手島の領家花崗岩類（古期花崗岩類および新期花崗岩類）中には，小規模の剪断帯が発達していることが古くから知られています．古期花崗岩全体も弱い左ずれのマイロナイト化を受けており，それと斜交する方向に発達する小規模剪断帯は右横ずれのセンスをもっています．写真は，その中でも最も典型的な剪断帯で，母岩の面構造を高角度で切る方向に右ずれ剪断帯が発達し，S面が剪断帯の中心（C面）に近づくにつれて収斂する引きずりがよく見られます．このような小規模延性剪断帯の中心部には，しばしば石英脈を伴っており，その石英脈は最も強くマイロナイト化しています．

文　献：Ono, T., Hosomi, T., Arai, H. and Takagi, H., 2010, Journal of Structural Geology, **32**, 2-14.

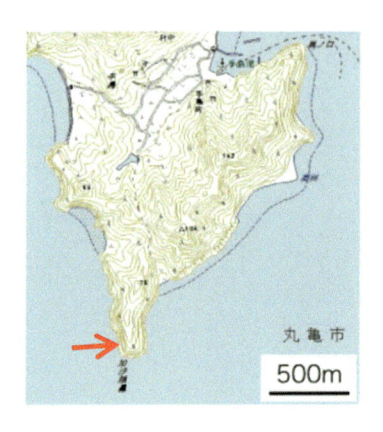

場所：香川県丸亀市手島（塩飽諸島）
　　　（34° 23′ 0.5″ N, 133° 39′ 55.4″ E）
交通：丸亀港より船で手島行き，手島港からは徒歩のみ，
　　　干潮時が観察と海岸沿いの移動に好都合．
地図：国土地理院 1/25,000 地形図「讃岐広島」

●写真・解説：高木秀雄

No. 045 矢平断層のカタクレーサイト
Foliated cataclasite along the Yadaira Fault, Gifu

阿寺断層帯矢平断層（活断層としては城ヶ根山断層として知られる）を構成する，苗木-上松花崗岩起源のカタクレーサイトの研磨片写真（XZ面）です．黒雲母の塑性変形による定向配列が，明瞭な左横ずれ非対称組織（P-foliation）を形成しており，組織上S-Cマイロナイトと非常によく似ています．またリーデルシアや直線性のよいスリップゾーン（写真下方）の発達も顕著です．カタクレーサイト帯の走向・傾斜はN81°W，71°N，条線は北西に20°プランジします．

文　献：金折裕司，川上紳一，矢入憲二，1990，地質学雑誌，**95**，393-396．

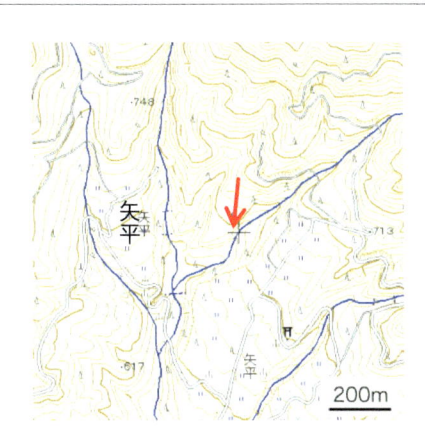

場所：岐阜県中津川市付知町矢平
　　　（35°39′13.2″N，137°28′8″E）
交通：JR中津川駅あるいは坂下駅より付知行きのバスに乗車．田瀬橋より徒歩約1時間．
地図：国土地理院 1/25,000地形図「付知」
関連URL：阿寺断層帯の長期評価について
http://www.jishin.go.jp/main/chousa/04dec-atera/index.htm

●写真・解説：大橋聖和

No. 046 牛首断層沿いの断層破砕帯
Fracture zone along the Ushikubi Fault, Gifu

●写真1
牛首断層の露頭（南南西側から撮影）．

跡津川断層の北西側を並走する牛首断層は，東北東-西南西走向，ほぼ垂直傾斜の右横ずれ活断層です．写真1は牛首断層が北北東-南南西方向に屈曲する白木峰地域に位置する断層露頭です．断層破砕帯（N27〜38°E走向）は万波川源流の大坂谷に沿って約1kmにわたり断続的に追跡でき，この谷が破砕帯の差別浸食によって形成された断層（線）谷であることがわかります．幅約20mの断層コアは幅1mを超える粘土質断層ガウジ（褐色および灰緑色部；写真2）と周囲の角礫帯・カタクレーサイト帯で構成され，灰緑色ガウジ帯中には，右横ずれを示す粘土基質のP面配列が顕著に発達します．一方で，牛首断層はまれに左横ずれ剪断センスを示す古期のカタクレーサイトを伴います（写真3）．これは，白亜紀〜古第三紀にかけて左横ずれ断層として活動していた痕跡であると考えられます．

文　献：大橋聖和・小林健太，2008，地質学雑誌，**114**，16-30．

●写真2
右ずれを示す灰緑色断層ガウジ中の複合面構造.

●写真3
左ずれの痕跡を保存するカタクレーサイト中の複合面構造.

断層岩

場所：岐阜県飛騨市宮川町
　　　(36°24′2.4″N, 137°6′47.4″E)
交通：JR高山本線打保駅より万波高原へ. 白木峰登山口から徒歩1時間.
地図：国土地理院 1/25,000 地形図「白木峰」
関連URL：牛首断層帯の長期評価について
http://www.jishin.go.jp/main/chousa/05mar-ushikubi/index.htm

●写真・解説：大橋聖和・小林健太

No. 047 瀬戸川帯泥質岩の延性剪断変形
Ductile shear deformation of pelites in the Setogawa Belt, Yamanashi

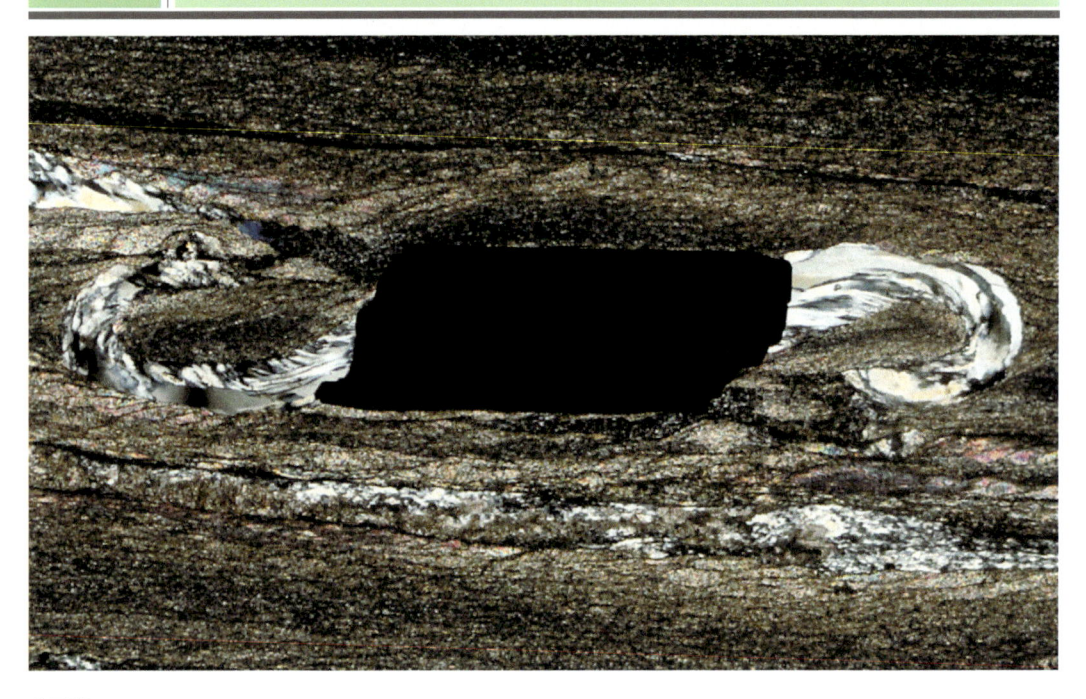

●写真1
黄鉄鉱粒子周囲に発達するプレッシャーフリンジ（直交ポーラー；写真の横幅は約4.5 mm）.

山梨県早川町西山温泉からその北方約1 kmにかけての早川河床では，糸魚川-静岡構造線の西側に分布する瀬戸川帯古第三系泥質岩中に各種延性剪断変形構造が発達しています．それらは非対称プレッシャーフリンジ（写真1），S-C複合面構造（写真2），砂岩のフイッシュ状レンズ構造（写真3），非対称ブーディン，非対称褶曲などで，露頭サイズから顕微鏡サイズに及んでいます．泥質岩には南北走向で西に急傾斜したスレート劈開に加えて，高角北プランジの線構造が発達しており（唐沢・狩野，1992），著しく湾曲した非対称プレッシャーフリンジ（写真1）からスレート劈開形成時の逆断層センスの剪断変形が示唆されます．一方，露頭で観察されるS-C構造や砂岩のレンズ構造（写真2,3）は左横ずれセンスの剪断変形を示します．これらはスレート劈開形成後に糸魚川-静岡構造線の左横ずれ運動に伴って形成されたものと考えられます．

文　献：唐沢　譲・狩野謙一，1992，地質学雑誌，98，761-777．
　　　　狩野謙一・横幕早季，2008，静岡地学，97，F1-F3．
　　　　狩野謙一，2002，地震研究所彙報，77，231-248．

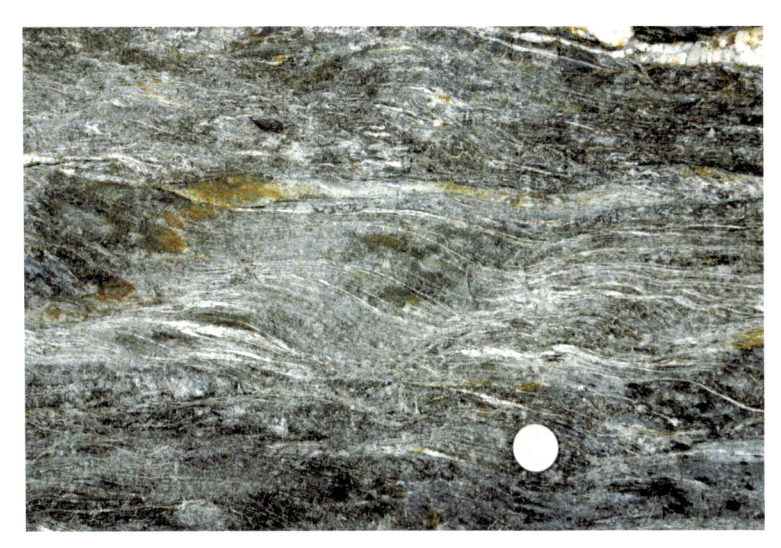

● 写真 2
S-C 複合面構造.

● 写真 3
非対称砂岩レンズ.

場所：山梨県早川町奈良田（西山温泉）
　　　（35° 33′ 43″ N, 138° 18′ 15″ E）
交通：西山温泉バス停から早川沿い徒歩5〜10分程度.
地図：国土地理院 1/25,000 地形図「奈良田」

● 写真・解説：狩野謙一・風戸良仁・金川久一

No. 048 長門峡，徳佐-地福断層のカタクレーサイト
Tokusa-Jifuku Fault in the Chomonkyo Gorge, Yamaguchi

●写真1
長門峡河床露頭．洗心橋から北を眺める．河床には流紋岩質凝灰岩を切る断層が北東-南西方向（写真右上から左下）に走っている．断層に伴われる幅1～2mのカタクレーサイト帯は河川によって侵食され，溝状に少しへこんでいる．左上の写真は高島北海．長門峡の開発・観光化に貢献した．

山口市阿東篠目の長門峡入口では，南西から流れる篠目川が北東からの阿武川と合流して丁字形を呈し，河川争奪の現場でもあります．この合流部の河床には，後期白亜紀の阿武層群阿東層下部の流紋岩質溶結凝灰岩を切る，北東走向でほぼ垂直傾斜の断層が確認できます．断層には幅1～2mのカタクレーサイト帯が伴われています．一方，この周辺では右横ずれを示唆する変位地形が認められ，活断層として再活動したことが示唆されます．この長門峡の開発と観光化には，高島北海（本名得三：左上写真）が大きく貢献しています．彼は日本画家として著名ですが，明治11（1878）年に，日本最初の地質図とその説明書である『山口県地質分色図』と『山口県地質図説』を作成しており，わが国初の地質屋でもあります．高島北海は1913（大正9）年8月に初めて長門峡を探勝した際に，「私は今回實地視察をなせしが此奇異なる地形をなせるは東北より西南に迎える石英粗面岩の大断層に沿い（後略）」と述べており，ここに断層があることに気づいていたようです．

文　献：金折裕司，1999，月刊地球，**21**，22-29.
　　　　金折裕司・廣瀬健太，2009，応用地質，**50**，295-304.

●写真2

下流からみたカタクレーサイト帯（帯緑色部）．母岩との境界には幅3～5 cmで青灰色の断層ガウジが認められる．カタクレーサイト帯内には，P面，R_1，R_2，およびXシアなどの複合面構造が観察でき，左横ずれのセンスを示している．

●写真3

カタクレーサイトの顕微鏡写真（単ポーラー）．石英粒子が破壊されながら伸張してP面を構成しており，破砕流動を特徴づけている．写真の長辺がYシアの方向．写真の横幅は約7 mm．

場所：山口県山口市阿東篠目の長門峡入口の篠目川と阿武川の合流点
（34°18′19″N, 131°34′37″E）
交通：山口線長門峡駅から徒歩5分．
地図：国土地理院 1/25,000 地形図「長門峡」
関連URL：山口市阿東の名勝「長門峡」
http://www.ato-kankou.org/View/Choumonkyo/

●写真・解説：金折裕司

No. 049

日高変成帯のシュードタキライト
Pseudotachylyte in the Hidaka metamorphic belt, Hokkaido

●写真1
北海道浦河郡浦河町元浦川上流ソエマツ川（沢）に見られる日高変成帯の右横ずれ斜交断層（赤い破線）沿いのシュードタキライト．

 シュードタキライトは，地震の化石とも呼ばれ，地震時に断層が高速でずれ動き，摩擦熱を発生させ，岩石が融けたことを示す岩石です．写真1は，日高変成帯を横断あるいは斜交する横ずれ断層（赤い破線）沿いに見られるシュードタキライトの露頭で，国内で最初に発見されたものです．断層沿いの最大1m幅の帯状部分にシュードタキライトが密集しています．シュードタキライトは，黒色ないし暗色の脈状の岩石で，断層沿いに見られるほか，融けていない周りの岩石に注入しています（写真2, 3）．本露頭のシュードタキライトは，中新世後期の東北日本弧（北海道）と千島弧の衝突（Kimura, 1986など）時の地震によって地下約4kmの深さで形成されたと考えられています（Toyoshima, 1990）．当時の本断層周辺の平常時の温度は200〜300℃で，地震時には摩擦発熱によって1,100℃以上の高温になったとされています（Toyoshima, 1990）．

文　献：Toyoshima, T., 1990, Journal of Metamorphic Geology, **8**, 507-523.
　　　　Kimura, G., 1986, Geology, **14**, 404-407.

●写真2
カタクレーサイト化したマイロナイトからなる母岩に注入するシュードタキライトの雁行脈.

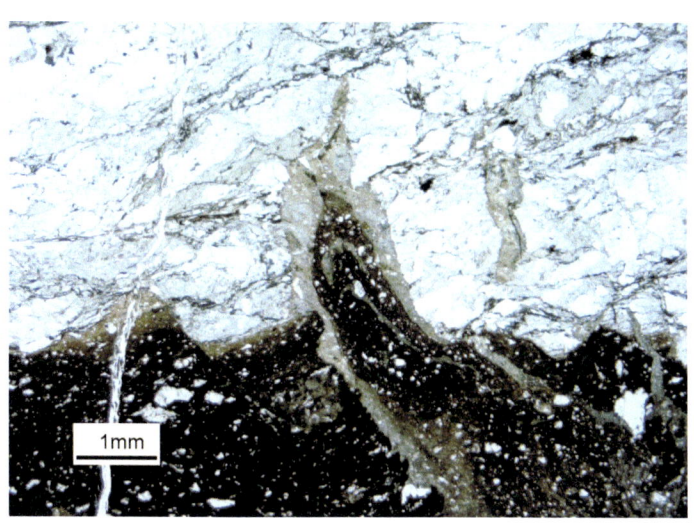

●写真3
シュードタキライトの断層脈と注入脈の薄片写真. 断層面は後生的な微小断層によってずらされている.

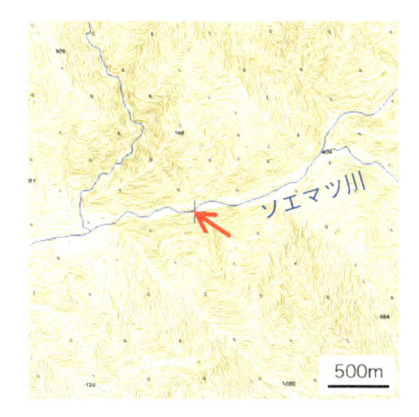

断層岩

場所：北海道浦河郡浦河町野深元浦川上流ソエマツ川（沢）沿い（42°24′7.7″N, 142°54′26.7″E）

交通：日高本線荻伏駅より車で約35 km（林道約20 kmを含む）．ソエマツ沢を遡行約1.5 km（道はない）．日高南部森林管理署にて林道の鍵を借りる必要あり．ソエマツ沢沿いの林道が険しいので，車で2時間以上要する場合もある．

地図：国土地理院1/25,000地形図「ピリカヌプリ」

関連URL：新潟大学理学部広報誌「理学部は今」第25号
http://www.sc.niigata-u.ac.jp/sc/pub/maga/No25.pdf
（の2ページ目）

●写真・解説：豊島剛志

No. 050 足助剪断帯のシュードタキライト
Pseudotachylyte in the Asuke Shear Zone, Aichi

● 写真 1
足助剪断帯大島露頭におけるシュードタキライトの典型的な産状（断層脈と注入脈）.

足助剪断帯は，従来よりカタクレーサイト帯（金折ほか，1991）として認定されていたNE-SW走向の断層で，1994年に筆者らによってシュードタキライトが発見され，破砕-塑性遷移領域の変形を検討する上でも重要な剪断帯として位置づけられます．剪断帯は正断層成分を伴う左ずれのセンスを示しますが，シュードタキライトはより圧縮成分の強いP面沿いに生じていることが多いという結果が得られています（酒巻ほか，2006）．この剪断帯沿いには，カタクレーサイトを中心とし，部分的にウルトラマイロナイトやシュードタキライトが共存しています．田振にはプール状に11cmの厚さのシュードタキライトが認められ，その中のジルコンフィショントラック年代から54Maという値が得られています．写真1は，大島にみられるシュードタキライトの産状として最も典型的な断層脈と注入脈の露頭写真です．脈の厚い部分の中心部にはよく成長したマイクロライトや，方解石や石英で充填された杏仁状組織が認められます（写真3）．大島や香嵐渓の露頭では，マイロナイト化したシュードタキライトやカタクレーサイトが認められます．とくに大島露頭は大変貴重な露頭ですので，試料採取は極力控えてほしいです．

文　献：金折裕司・川上紳一・大西小百合，1991，地質学雑誌，**97**，311-314.
　　　　酒巻秀彰・島田耕史・高木秀雄，2006，地質学雑誌，**112**，519-530.

●写真2
田振露頭における対をなす断層脈と派生する注入脈．上部の注入脈先端にはメルトの流動を示す同心円状のゾーニングが認められる．

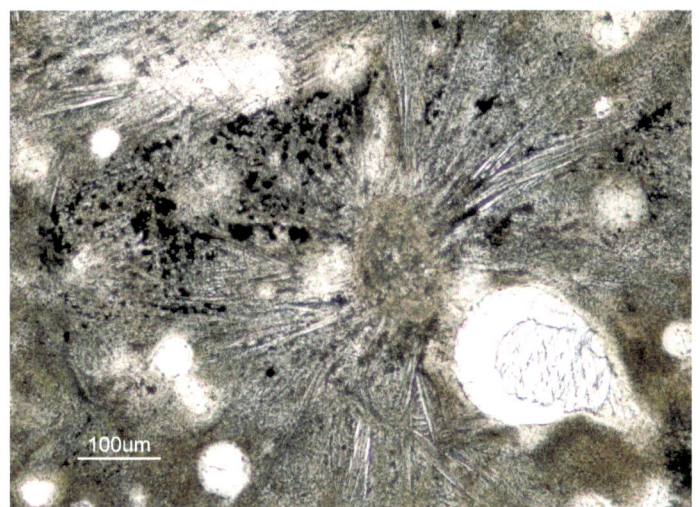

●写真3
シュードタキライトの薄片写真（単ポーラー）．田振露頭の厚い脈の中央部．放射状マイクロライトや石英と方解石で充填された杏仁状組織．

場所：愛知県豊田市足助巴川流域
  (35°06′23.9″N, 137°16′9.9″E)
交通：大島露頭は，足助町より巴川沿いを南西に5km地点の大国橋を渡った巴川左岸．
地図：国土地理院 1/25,000 地形図「足助」

●写真・解説：高木秀雄・酒巻秀彰

断層岩

No. 051 八幡浜大島のシュードタキライト
Pseudotachylyte in Yawatahama-Oshima, Ehime

●写真1
大島変成岩（変花崗閃緑岩）中に見られるシュードタキライト（黒色脈状部）.

　シュードタキライトは，地震が起こった時に摩擦熱で周りの岩石が溶けてできることから，「地震の化石」と呼ばれています．愛媛県八幡浜大島（やわたはまおおしま）の西海岸に露出するシュードタキライトは，母岩の大島変成岩とともに国の天然記念物に指定されています．シュードタキライトは，幅数 m の間に集中して存在します．この帯状の部分が地震の時に断層運動が集中した剪断帯です．露頭をよく見ると，主要な断層面（写真1の横方向）から周囲に注入したシュードタキライトが見られます（写真1, 2）．顕微鏡下では，丸く溶け残った鉱物の周りを放射状に針状の鉱物が取り巻いている組織が観察されます（写真3）．針状の鉱物は，溶けた岩石が急冷される時に結晶となったものです．これらの鉱物の組み合わせや化学組成から，シュードタキライトができた時の温度が分かります．母岩の大島変成岩は，花崗岩やはんれい岩などが地下深くで高温の変成作用を受けてできた岩石です．大島変成岩の中には，マイロナイトに変わった部分があります．シュードタキライトは，このマイロナイトに重複してできており，さらに重複して断層ガウジができている場所もあります．このことは，地震が硬い岩石をその都度割って起こるのではなく，弱い断層を何度も利用することを物語っています．

文　献：小松正幸・宮下由香里・米虫　聡，1997，地質学雑誌，**103**(8)，XXV-XXVI.

●写真 2
大島地区公民館に保存されている研磨片の接写写真.

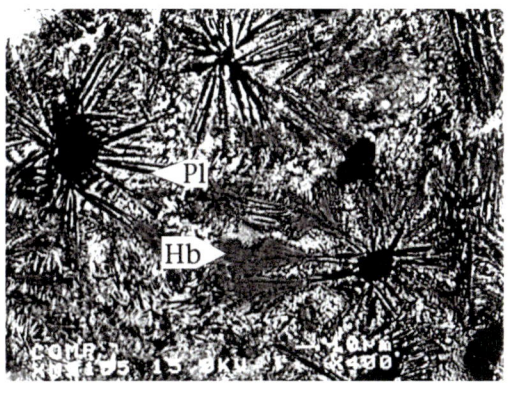

●写真 3
薄片写真（左）と二次電子線像（右）.

場所：愛媛県八幡浜市大島
（33°22′56.4″N, 132°20′24.5″E）
交通：八幡浜港−大島間のフェリー（田中輸送）．大島港から徒歩 10 分程度．
地図：国土地理院 1/25,000 地形図「伊予大島」
URL：地質フォト：愛媛県八幡浜大島のシュードタキライト
http://www.geosociety.jp/faq/content0082.html

●写真 1, 3・解説：宮下由香里　写真 2：大橋聖和

断層岩

No.052 神居古潭峡谷の褶曲
Folds along Kamuikotan gorge, Hokkaido

●写真1
神居大橋下の岩畳に認められる大理石の褶曲（旭川市天然記念物）．引きずりに伴うS型とZ型の小褶曲（右上挿入図）が大理石中に存在する．

北海道中央部旭川市付近に分布する神居古潭（かむいこたん）変成岩は，典型的な高圧型変成岩として知られています．しかし，神居古潭峡谷西部に露出する神居古潭変成岩は上昇時に著しい後退変成作用を被っており，苦鉄質変成岩にもともと形成された藍閃石は一部に残されている程度であり，現在多くはアクチノ閃石に置換されています（合地，1983）．また，この後退変成作用は温度上昇も伴っており（榊原ほか，2007），そのため岩石の変形が容易になったと考えられ，神居古潭変成岩は写真に示すような閉じた褶曲で大きく変形しています．褶曲の軸方位は北東-南西から南-北方向のトレンドを持ち，南西にプランジしています．プランジ角は一定でなく，大きく変化します．写真1の大理石の褶曲はS20°W方向に30〜40°沈下しています．この翼部には，S字型（写真上と下の翼）とZ字型（写真真中の翼）の非対称な小褶曲が存在しますが，これは寄生褶曲ではなく，層に平行な剪断に伴った引きずり褶曲です．この大きな褶曲自体も非対称な形態を持っています．神居古潭峡谷の変成岩は日本の地質百選に選ばれています．

文　献：榊原正幸・安元和己・池田倫治・太田　努，2007，地質学雑誌，**113** 補遺，103-118．
　　　　合地信生，1983，岩石鉱物鉱床学会誌，**78**，383-393．

●写真2
緑色片岩にみられる転倒褶曲（垂直断面）．軸方位はN12°Wのトレンドを持ち，沈下角は南へ40°．写真に示す1背斜1向斜の褶曲では褶曲軸面が東に倒れている．人物上方の小さなうねりは寄生褶曲である．

●写真3
緑色片岩の閉じた小褶曲（水平面）．

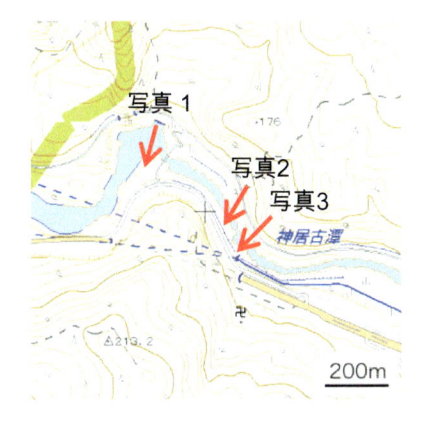

場所：北海道旭川市西方石狩川沿い左岸，神居古潭峡谷入口のつり橋およびその南東方
写真1：43°43′55″N, 142°12′2″E
写真3：43°43′49″N, 142°12′13″E
交通：道央道深川ICから国道12号経由で15分，神居古潭トンネル手前より進入，旭川から道北バス留萌行で約30分，神居古潭バス停下車．
地図：国土地理院1/25,000地形図「神居古潭」
関連URL：北海道地質百選0279：「神居古潭峡谷の変成岩と甌穴群」
http://www.geosites-hokkaido.org/geosites/site0279.html

●写真・解説：竹下　徹・高木秀雄

No. 053 男鹿半島女川層の褶曲
Fold of Onnagawa Formation in Oga Peninsula, Akita

男鹿半島南岸鵜ノ崎一帯は，海岸から200〜300m沖合いまで波食台となっています．波食台には層理の明瞭な珪質頁岩からなる女川層（中新世中・後期）が露出しており，背後の段丘上から褶曲構造が一望できます．この褶曲はほぼ南北方向の軸を持ち，北方に沈下しています．潮位が少し高くなると波食台は海水に覆われ，見事な縞模様は隠されてしまいますので，観察には，潮位の低下が著しい2〜4月の干潮時が最適です．（優秀写真）

文　献：鹿野和彦ほか，2011，戸賀及び船川地域の地質．地域地質研究報告（5万分の1地質図幅），産総研地質調査総合センター，127p.

場所：秋田県男鹿半島鵜ノ崎
　　　（撮影地点：39°51′37″N，139°48′28″E）
交通：JR男鹿線男鹿駅より，門前行きのバス（男鹿南線）鵜ノ崎下車．
地図：国土地理院1/25,000地形図「船川」（地図上の矢印は，撮影地点と方向を示す）
関連URL：男鹿半島大潟ジオサイト
http://geo.arr-net.com

●写真・解説：渡部　晟

No. 054 宮沢の横臥褶曲
Recumbent fold in Miyazawa, Akita

秋田県南部の出羽丘陵には，グリーンタフの地層と新第三紀の海成堆積物が広く分布しています．両者の境界に位置する鳥田目断層は出羽丘陵中央部の地形的高まりの西縁を画する断層で，南北に 20 km 以上延長します．断層の西側 500〜1,000 m の区間では権現山層，女川層，船川層の泥岩が強く変形しており，南北の軸を有し，軸面が西に倒れた褶曲構造が発達します．宮沢左岸にみられる大規模な褶曲構造は，ヒンジが鋭く折れ曲がったジグザグのシェブロン褶曲の形態を示しています．

文　献：Kutsuzawa, A. and Kim, C., 1966, Jour. Min. Coll. Akita Univ. Ser.A, 4, 35-51.
西川　治・奥平敬元・吉田昌幸ほか，2008，地質学雑誌，**114** 補遺，75-85.

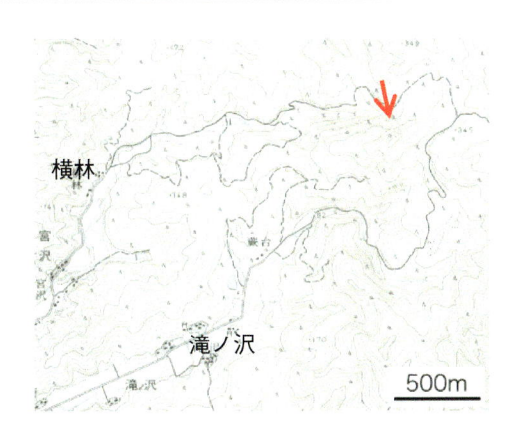

場所：秋田県由利本荘市宮沢左岸
　　　(39° 21′ 13″ N，140° 08′ 52″ E)
交通：由利本荘市街から国道 107 号線を東へ，雪車町から宮沢に入る．車は溜池付近に置き，右岸の林道を徒歩で登ること約 30 分．
地図：1/25,000 地形図「岩野目沢」

●写真・解説：西川　治

No. 055 牡鹿半島の褶曲とスレート
Folds and slaty cleavage in Oshika Peninsula, Miyagi

●写真1
牡鹿層群荻浜層福貴浦頁岩砂岩部層の褶曲（干潮時の写真）．露頭の高さは海抜約5m. 2011.3.11の東北地方太平洋沖地震で1m以上沈降．

　南部北上山地牡鹿半島に分布する中部ジュラ系～最下部白亜系の牡鹿層群には波長数kmの褶曲が発達し，その軸部には波長10m程度の褶曲（写真1, 2）がよく発達します．また，泥質岩には緑泥石やイライトなどの細粒層状鉱物が一定方向に配列することによるスレート劈開が発達します．これらの褶曲とスレート劈開の形成は，花崗岩類の貫入（1億2,000万～1億1,000万年前）と下部白亜系宮古層群基底の不整合とともに南部北上山地の前期白亜紀造構作用を特徴づけています．スレート劈開の方向は歪楕円のXY面とほぼ平行であるのに対し，褶曲軸に対してしばしば時計回りに斜交し，その成因として左横ずれ剪断変形に伴うスレート劈開の形成などが考えられています．写真1は干潮時に撮影されたにもかかわらず，2011.3.11地震時の1mを超える沈降により露頭の下の部分が水没しました．この露頭の実物大レプリカは，つくば市の産業技術総合研究所地質標本館に展示されています．

文　献：滝沢文教・正井義郎，1978，地質ニュース，no. 291, 49-61.
　　　　石井和彦・永広昌之・金川久一，1996，日本地質学会第103年学術大会見学旅行案内書，99-118.

●写真2
牡鹿層群荻浜層福貴浦頁岩砂岩部層の褶曲（地点2）．スレート劈開の方向は褶曲軸に対して約9°時計回りに斜交している．スケール（写真中央）は1m．

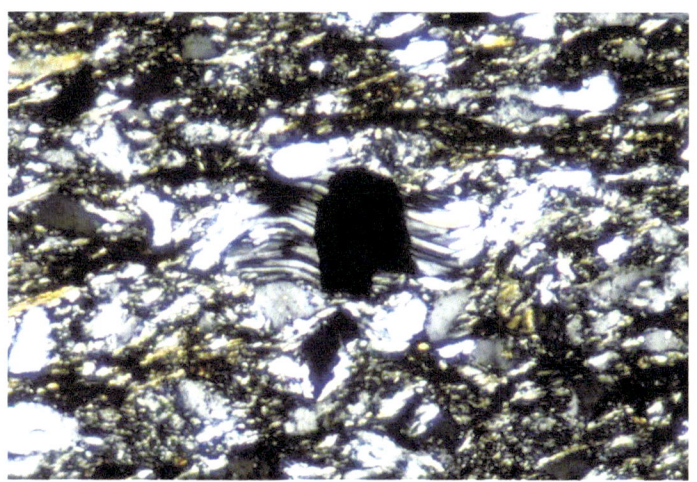

●写真3
写真2の泥質岩の顕微鏡写真（ほぼ水平面，横幅0.5mm，直交ポーラー）．スレート劈開（横方向）とほぼ平行に伸長したプレッシャーフリンジが発達し，その湾曲から左横ずれ剪断変形に伴ってスレート劈開が形成されたと考えられる．

褶曲

写真1
場所：宮城県石巻市牧ノ崎西端南岸
　　　(38°18′54.8″N, 141°27′0.1″E)
交通：石巻駅から車で約1時間．東北地方太平洋沖地震に伴う地盤沈下により，褶曲全体を見学するためには，船を利用する方がよい．
地図：国土地理院 1/25,000 地形図「網地島」

写真2, 3
場所：宮城県石巻市福貴浦
　　　(38°21′10.5″N, 141°26′49.7″E)
交通：同上．
地図：国土地理院 1/25,000 地形図「荻浜」

●写真1：高木秀雄　●写真2, 3・解説：石井和彦

No. 056 割山変成岩の微褶曲
Crenulation of the Wariyama Metamorphic Rock, Miyagi

阿武隈山地東北縁の割山山地の北端部には，泥質・砂質片岩，泥質・珪質片岩を主体とし，石灰質片岩をともなう，割山変成岩（黒田・小倉，1956）が分布します．この変成岩は南部北上帯西縁部の基盤をなす松ヶ平-母体変成岩類（黒田，1963）の一部で，同変成岩類はカンブリア紀に形成された付加体が，カンブリア紀末（約5億年前）に沈み込み帯深部で高圧変成作用を受けたものと考えられています（蟹澤ほか，1992；蟹澤・永広，1997；Ehiro and Kanisawa, 1999）．割山変成岩は重複変形を受け，折りたたまれた褶曲を，ほぼ南北方向で垂直な軸面をもつクレニュレーション褶曲が折り曲げています．

文　献：生出慶司・藤田至則，1975，岩沼地域の地質．地域地質研究報告（5万分の1地質図幅），地質調査所，27p.

場所：宮城県亘理郡亘理町割山峠
　　　（38°1′52″N, 140°49′54″E）
交通：JR常磐線亘理駅から県道14号線を角田市方面に約5km.
地図：国土地理院 1/25,000 地形図「亘理」

●写真・解説：永広昌之

No.057 長瀞，赤鉄片岩の横臥褶曲（菊水岩）
Recumbent fold of hematite-quartz schist, Nagatoro, Saitama

長瀞の菊水岩は，露頭としては小さいですが，赤鉄鉱含有石英片岩（赤鉄片岩）の横臥褶曲が見事であることから長瀞町の天然記念物に指定されています．閉じた横臥褶曲が菊水模様（写真左上）に似ていることから名付けられています．褶曲軸はS30°W方向に10°沈下しており，ほぼ垂直な露頭面は褶曲軸を斜めに切っています．また，寄生褶曲が発達しているほか，雁行石英脈も認められます．長瀞町風布の岩根神社と春日神社にはさまれた結晶片岩分布地域には，東西約500m，南北2kmあまりに及ぶ褶曲ゾーンが認められ，菊水岩もこのゾーンの中に含まれます．

文　献：牧本　博・竹内圭史，1992，寄居地域の地質．地域地質研究報告（5万分の1地質図幅），地質調査所，136p.

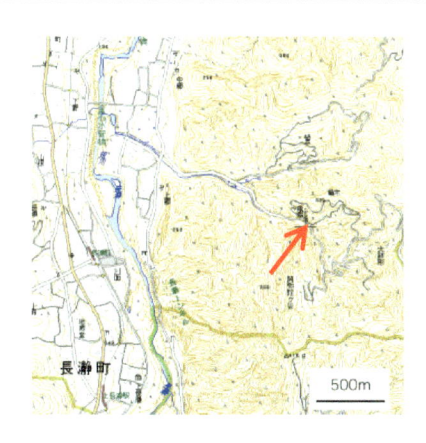

場所：埼玉県長瀞町風布
　　　（36°05′50″N, 139°07′47″E）
交通：秩父鉄道野上駅から徒歩45分．
地図：1/25,000 地形図「鬼石」
関連URL：ジオパーク秩父
http://www.chichibu-geo.com

●写真・解説：高木秀雄・本間岳史

No. 058 長瀞，虎岩の横臥褶曲とブーディン構造
Recumbent fold and boudinage of Toraiwa, Nagatoro, Saitama

●写真1
長瀞，虎岩の横臥褶曲（劈開を伴う流れ褶曲）．

　埼玉県立自然の博物館下の荒川河床には，ひときわ目立つ褐色の露頭があり，複雑にうねった褐色と白色の縞模様が虎の毛皮を思わせることから，古くから「虎岩」と呼ばれています．大正5年に地質巡検で秩父を訪れた宮沢賢治が博多帯になぞらえて詠んだ歌のモチーフは，虎岩であったとも伝えられています．褐色部と白色部は，それぞれスティルプノメレン片岩と石灰質片岩からなり，それらが水平な横臥褶曲をなすとともに，劈開を伴う流れ褶曲が発達しています（写真1）．脆性的なスティルプノメレン片岩中には断面が長方形のブーディンが発達しますが，延性的な石灰質片岩は層方向に伸長することにより破断をまぬがれています．ブーディン連結部には方解石の繊維状結晶の成長が認められます（写真2）．ライン下り船着き場の砂質片岩中には，東西方向の圧縮による逆キンク褶曲が認められます（写真3）．長瀞は国の名勝・天然記念物で日本の地質百選に選ばれています．

文　献：Uemura, T. and Nishino, S., 1994, 新潟大学理学部研究報告, E類, (地質学鉱物学) **9**, 1-23.
　　　　牧本　博・竹内圭史, 1992, 寄居地域の地質. 地域地質研究報告 (5万分の1地質図幅), 地質調査所, 136p.

●写真2
延性的な石灰質片岩に挟まれた脆性的なスティルプノメレン片岩に存在．ブーディン連結部（ネック）には，方解石の繊維状結晶成長（crystal fiber growth）が認められる．

●写真3
長瀞ライン下りの船着き場（白鳥島対岸）の砂質片岩に発達するキンクバンド．

写真1, 2
場所：埼玉県秩父郡長瀞町長瀞
　　　埼玉県立自然の博物館前の荒川左岸
　　　（36°5′13″N, 139°7′5″E）
交通：秩父鉄道上長瀞駅より徒歩10分．
写真3
場所：埼玉県秩父郡長瀞町長瀞の荒川左岸
　　　（36°5′48″N, 139°6′46″E）
交通：秩父鉄道長瀞駅より徒歩5分．
地図：国土地理院 1/25,000 地形図「鬼石」
関連URL：ジオパーク秩父
http://www.chichibu-geo.com

●写真：高木秀雄　●解説：本間岳史

No. 059 山中層群の褶曲
Fold in the Sanchu Group, Saitama

関東地方の秩父帯に分布する白亜紀前弧海盆堆積物から構成される狭長な地帯は山中地溝帯と呼ばれ，砂岩泥岩互層を主体としています．とくにその上位層準の三山層は小規模な褶曲と，それを包絡する大規模な褶曲からなる複向斜構造をなします．この写真の露頭は，背斜のヒンジ部が観察でき，かつヒンジ部の曲率の変化が表れている貴重なものです．褶曲軸は地溝帯の延びの方向とほぼ平行ですので，褶曲を開いて平らにした場合，白亜系は現在の幅狭い分布よりはるかに南北に広がった堆積盆を構成していたことが推定されます．

文　献：Takei, K., 1985. Journal of Geosciences, Osaka City University, **28**, 1-44.

場所：埼玉県小鹿野町林道皆本沼里線
　　　（36°1′41″N, 138°54′31″E）
交通：西武秩父駅より車で約1時間．
地図：国土地理院 1/25,000 地形図「長又」
関連URL：ジオパーク秩父
http://www.chichibu-geo.com

●写真・解説：高木秀雄・本間岳史

No. 060 跡倉ナップのシンフォーム状背斜
Synformal anticline in the Atokura Nappe, Gunma

下仁田町大桑原の南牧川左岸では，上部白亜系跡倉層の砂岩泥岩互層が複雑に変形した様子を観察できます．写真の露頭は，一見すると軸面が倒れこんだ向斜に見えます．しかし両翼の地層を詳しく観察すると，写真左側（上流側）の翼部は正序層，右側（下流側）の翼部は逆転層で，軸面が大きく倒れこんだ背斜であることがわかります．このような褶曲をシンフォーム状背斜といいます．最初はほぼ垂直にできたであろう背斜の軸面が，押しかぶせの力によって倒れこみ，水平を通り越すまでに回転してしまったものと考えられます．

文　献：新井宏嘉・高木秀雄，1998，地質学雑誌，**104**，861-876.
　　　　小林健太・新井宏嘉，2002，日本地質学会　第109年学術大会見学旅行案内書，87-108.

場所：群馬県下仁田町大桑原，南牧川左岸
　　　（36° 12′ 18.5″ N, 138° 46′ 01.5″ E）
交通：上信電鉄下仁田駅より車で15分．
地図：国土地理院 1/25,000 地形図「下仁田」
関連URL：下仁田ジオパーク
http://www.shimonita-geopark.jp

●写真：高木秀雄　●解説：新井宏嘉

No. 061 伊良湖岬，秩父帯のチャートの褶曲
Folds of bedded chert in the Chichibu Belt at Cape Irago, Aichi

●写真1
伊良湖岬の褶曲した層状チャートと砂岩の繰り返し．

　伊良湖岬の恋路ヶ浜の東側には，秩父帯のチャート，砂岩，泥岩などが分布しています．写真の露頭では，層状チャートと砂岩が見かけ数十cm～数mの間隔で繰り返しています．砂岩には石英のほかに長石，黒雲母や白雲母なども含まれ，大陸や島弧からの堆積物の供給を示します．チャートはしばしば激しく褶曲していますが，砂岩については，層の薄いものは一部でチャートとともに褶曲しているものの，層の厚いものは褶曲していないことから，両者の境界面はデコルマの様相を示します．チャートと泥岩に含まれる放散虫化石はともに中期ジュラ紀の年代を示し，両者が堆積した時期に時間の間隙がほとんど無かったことが示唆されます．したがって，海洋プレート最上部のチャートとその直上に堆積した砂岩，泥岩が，十分に固化していない段階から，海底地すべりなどによって地層面に沿って滑った結果，激しい褶曲に加え，層に平行な断層による地層の繰り返しが生じたと考えられます．チャートと砂岩の褶曲の発達の程度の違いは，変形当時の両者の物性の違いを反映している可能性があります．なお，これらの岩石は，その後の複数の正断層によって切断されており，全体としてより複雑な構造を呈しています．

文　献：中島　礼・掘　常東・官崎一博・西岡芳晴，2010，伊良湖岬地域の地質．地域地質研究報告（5万分の1地質図幅），産総研地質調査総合センター，69p．

●写真2
ハンマーのある厚さ約20～40 cmの層が砂岩で，その上下ではチャートが数 cm おきにリズミカルに成層している．

●写真3
チャートの褶曲は激しく，一部では層が折り畳まれてS字型やZ字型の形状を示す．

褶曲

場所：愛知県伊良湖岬恋路ヶ浜の東側
　　　(34°34′43″N, 137°02′08″E)
交通：豊橋鉄道三河田原駅から豊鉄バスで恋路ヶ浜下車，徒歩15分．
地図：国土地理院 1/25,000 地形図「伊良湖岬」
関連URL：田原市観光ガイド「日出の石門」
http://www.taharakankou.gr.jp/rekishi_kanko/sizenmankitu/nature16.html

●写真：高木秀雄　●解説：丹羽正和

No. 062 牟婁層群の褶曲
Folds in the Muro Group, Wakayama

●写真1
和歌山県西牟婁郡すさみ町天鳥に発達する褶曲.

　和歌山県西牟婁郡すさみ町黒崎の海岸には,「天鳥の褶曲」と呼ばれる見事な褶曲が発達しています. この褶曲は, 紀伊半島四万十付加体, 古第三系牟婁層群の砂岩泥岩互層中に発達するもので, 以前は海底地滑りによって未固結堆積物が褶曲してできたものと考えられていました. しかし, 研究が進むにつれ, 今ではこの褶曲は, 堆積物が未固結～半固結時にできた造構性の褶曲であると考えられています. 写真1は, 褶曲の遠景で, 向斜と背斜のペアからなる非対称褶曲が逆転した地層中に発達しています. これらの非対称褶曲は, 写真の左側にあるオーダーの1つ大きな背斜, または写真の右側にあるオーダーの1つ大きな向斜の逆転翼で形成された, 曲げ-すべり褶曲作用時の引きずり褶曲であると考えられます. 写真2は, 写真1の非対称褶曲をより近くで撮影したもので, 写真3は, 背斜のヒンジ部分を撮影したものです. 写真3の泥岩部分には, 砂岩岩脈が発達しているのが認められ, 褶曲作用時に砂層中の間隙水圧が上昇し, 水圧破砕によって泥岩中に注入したことが読み取れます.

文　献：Kumon, F., Suzuki, H., Nakazawa, K., Tokuoka, T., Harata, T., Kimura, K., Nakaya, S., Ishigami, T. and Nakamura, K., 1988, Modern Geology, **12**, 71–96.
中村和善, 1986, 地質学論集, no. 27, 43–53.

●写真2
写真1の非対称褶曲のクローズアップ.

●写真3
写真2の背斜のヒンジ部. 泥岩中に砂岩岩脈が発達.

場所：和歌山県西牟婁郡すさみ町黒崎
　　　（33°31′18″N, 135°31′41″E）
交通：JR紀勢本線周参見駅より明光バス江住行きまたは根倉行きで天鳥下車, 徒歩15分.
地図：国土地理院 1/25,000 地形図「江住」

●写真1, 3・解説：氏家恒太郎　●写真2：高木秀雄

褶曲

No. 063 沼島のさや褶曲と上立神岩
Sheath fold and Kamitategami-iwa in Nushima Island, Hyogo

●写真1
国内で最も見事な沼島のさや褶曲（南あわじ市天然記念物）．

三波川変成帯に位置する兵庫県南あわじ市沼島の北端部の黒崎には，さや褶曲と呼ばれる大変珍しい褶曲があります（前川ほか，2001）．この褶曲は今から約9,000万年前，沼島がまだプレート沈み込み帯（深さ約30km）にあったころに沈み込むプレートの運動によってつくられたものと考えられています．地層に力が加わり褶曲すると，一般に岩石のかたさは一様でないので，引きずられる程度が大きい箇所が部分的にでき，さらに変形が進行すると，ヒンジが著しく曲がってさやのような形をなし，その断面が同心円状の構造ができます．地層が引きずられた方向（紙面とほぼ垂直な方向）に伸長線構造がよく発達しています．沼島のさや褶曲は，変成鉱物として藍閃石，ざくろ石，アルカリ輝石を含む石英片岩に発達しています．

文　献：前川寛和・井口博夫・榎本哲二，2001，地質学雑誌，**107**，No 3, p. V-VI.
　　　　Maekawa, H., Yamamoto, K., Ueno, T., Osada, Y., Nogami, N., 2004, International Geology Review **46**, 426-444.

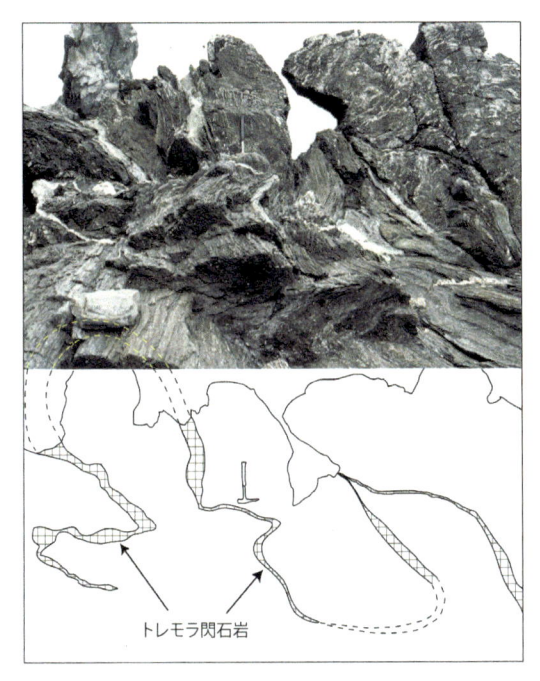

●写真2
蛇紋岩起原のトレモラ閃石岩の褶曲.

●写真3
上立神岩.

沼島では，珪質泥岩層に挟まれた蛇紋岩が，三波川変成作用を受けて結晶片岩化した珪質泥岩とともに，複雑に褶曲したようすが観察されます（写真2とスケッチ，写真3の矢印のところ）．蛇紋岩は泥質岩との交代作用により，大部分が緑色のトレモラ閃石の集合体に変化しています．このような蛇紋岩と泥岩との機械的混合は，プレート沈み込み帯境界面においてウェッジマントルの蛇紋岩化したかんらん岩がはぎ取られ，沈み込む珪質泥岩中に取り込まれて起こると考えられます（Maekawa et al., 2004）．写真3の突き出た岩は上立神岩と呼ばれ，おもにトレモラ閃石岩からなり，背後を堅固で水平の褶曲軸をもつ泥質片岩が不安定な形を奇跡的に支えています．

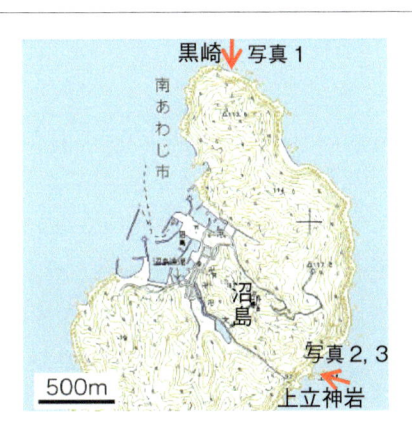

褶曲

場所：兵庫県南あわじ市沼島
　　　さや褶曲（34°10′45.5″N, 134°49′21.1″E）
　　　上立神岩（34°09′44.4″N, 134°49′42.4″E）
交通：あわじ市土生港から沼島港まで，沼島汽船の船が出ている．
地図：国土地理院 1/25,000 地形図「諭鶴羽山」
関連URL：大阪府立大学変成岩研究室
http://www.p.s.osakafu-u.ac.jp/~maekawa/sheath.html

●写真・解説：前川寛和

| No. 064 | **三波川変成岩のさや褶曲**
Sheath fold of the Sanbagawa schist, Kochi |

この写真は，四国三波川変成帯のなかでも最もよく調査されている汗見川沿いの紅簾石を含む石英片岩の露頭で見られるさや褶曲です．高歪み延性変形を被ったためにタイトな褶曲構造が発達しました．完全に閉じた目のような構造はさや褶曲の断面であり，さやの軸は東西で，変形の最大伸長方向を示します．

文　献：Wallis, S. R. 1990. Journal of the Geological Society of Japan, **96**, 345-352.

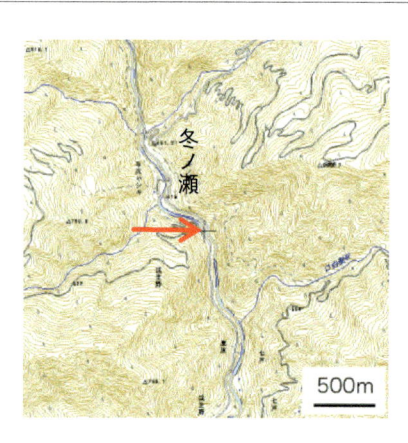

場所：高知県本山町汗見川
　　　（33°48′57″N, 133°33′24″E）
交通：嶺北観光自動車のバス冬の瀬行き，一の橋下車．
地図：国土地理院 1/25,000 地形図「本山」

●写真・解説：Simon Wallis

No.065	# 秩父帯のクレニュレーション劈開
	Crenulation cleavage in the Chichibu Belt, Kochi

褶曲

高知県の秩父帯北帯では主要な片理（劈開）は東西走向で北に高角で傾斜しています．この片理は閉じた褶曲の軸面に沿った軸面劈開として発達しています．写真は褶曲した珪質泥岩の軸面に沿って発達するクレニュレーション劈開（矢印）で，劈開の間隔が比較的広いものです．

文　献：Nakajima, T., Banno, S., Suzuki, T., 1977, Journal of Petrology, **18**, 263-284.
青矢睦月・横山俊治，2009，日比原地域の地質．地域地質研究報告（5万分の1地質図幅），産総研地質調査総合センター，75p.

場所：高知県吾川郡いの町上八川甲思地のすぐ北側の
　　　枝川川沿い（国道194号線の真下）
　　　（33°39′24″N, 133°20′8″E）
交通：高知自動車道大豊IC下車，いの町方面へ国道
　　　439号線を車で40分，国道194号線との交差点
　　　を右折．
地図：国土地理院 1/25,000 地形図「思地」

●写真・解説：竹下　徹

No. 066	室戸，行当岬の褶曲
	Folds at Gyodo-misaki, Muroto, Kochi

●写真1
行当岬の褶曲．褶曲軸がゆるく褶曲しており，写真手前から奥に向かって褶曲軸の沈下角が大きくなっている．

行当岬の四万十帯の砂岩泥岩互層は，変形の強い部分とほとんど変形していない高角に傾斜した部分の2つの変形ゾーンに分けられます．変形の強いゾーンには閉じた褶曲がよく発達しています（写真1, 2）．褶曲軸面がさらに褶曲している複褶曲やさや褶曲なども確認できます．これらの褶曲は海底地すべりによるものと解釈されていますが，褶曲軸は北東-南西方向によく揃っており，広域的な変形構造と調和的です．また，cuspate-lobate 褶曲（p.118参照）や，スレート劈開もよく発達しています（写真3）．スレート劈開の走向は北東で南に急傾斜しており，顕微鏡下では圧力溶解劈開として観察できます．砂岩泥岩互層の姿勢が場所によって変化している中で，安定した姿勢を持つスレート劈開は，後期の変形ステージに発達したことがわかります．行当岬は No.96 に紹介する砂岩脈とその変形も見学でき，室戸ジオパークにおける重要なジオサイトです．

文　献：南澤智美・桑野一彦・坂口有人・橋本善孝，2006，構造地質，no.49，89-98.

●写真 2
特定の層準に発達している褶曲.

●写真 3
泥岩中に発達するスレート劈開と cuspate-lobate 褶曲.

場所：高知県室戸市行当岬
　　　（33°17′41″N, 134°06′39″E）
交通：奈半利駅からバスで新村不動下車
地図：国土地理院 1/25,000 地形図「室戸岬」
関連 URL：室戸ジオパーク
http://www.muroto-geo.jp/www/

●写真 1, 2・解説：橋本善孝　●写真 3：氏家恒太郎

褶曲

No. 067　四万十帯のシェブロン褶曲
Chevron fold in the Shimanto Belt, Miyazaki

●写真1
宮崎県一ツ瀬川沿いのシェブロン褶曲．スケールは写真3を参照．

宮崎県一ツ瀬川沿いの四万十帯上部の日向層群の等量ないし泥岩優勢の砂岩泥岩互層には，写真1, 2に示すような，ヒンジの部分が尖ったジグザグのシェブロン褶曲の見事な露頭が知られています．シェブロンの褶曲軸面は南に倒れているため，片方の翼部が逆転した転倒褶曲となっています．写真左の南側翼部では，砂岩層のブーディン化も見られます．この露頭は1990年頃に一ツ瀬川右岸の作業道路工事の際に出たもので，道路はこの付近では北北東(右)-南南西(左)です．写真右が上流側で，道沿いに約150mにわたり露頭が見られます．上流側では北傾斜の同斜構造となっています．いまでも露頭は吹き付けられていませんが，風化は進んでいます．道路の下方の川沿い（写真3）は，洗われてきれいな面が見られる時があります．

文　献：村田明広，1998，宮崎県の四万十帯の地質（宮崎県地質図第5版説明書），宮崎県，44p.

●写真 2
道路沿いの露頭の全体像.

●写真 3
露頭の下部の一ツ瀬川右岸.

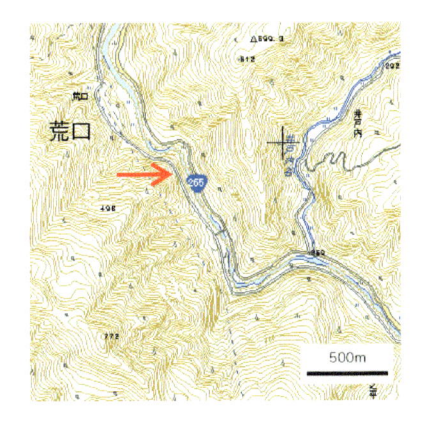

褶曲

場所：宮崎県児湯郡西米良村村所津賀瀬
（32°15′04″N, 131°8′20″E）
交通：一番近道は西都市から国道219号線で西米良村役場のある村所を訪れ，村所から一ツ瀬川沿いに265号線を約3km北で対岸を見るとよい．西都から村所まで約1.5時間である．
地図：国土地理院 1/25,000 地形図「村所」と「槻木」の境

●写真・解説：足立富男

No. 068 対馬の褶曲とペンシル構造
Folds and pencil structures in Tsushima Islands, Nagasaki

●写真1
対州層群中部層にみられる背斜構造．北側から撮った写真で，横幅は約20 m．

対馬に分布する中新統の対州層群には，褶曲，スレート劈開とそれに伴うペンシル構造など，様々な構造を観察することができます．また，海底地滑りに伴うスランプ褶曲も観察できます．写真1に示すように対州層群中部層の多くは，細粒砂岩の薄層を挟んだ厚い泥岩層からなります．対州層群中に形成された褶曲の多くは，この例のように北東ないし北北東の軸をもち，北東にゆるく沈下しています．褶曲軸面は鉛直に近く，両翼は対称的で開いていることが多いです．対馬の全域にわたってこのような褶曲をくり返しながら，おおむね対馬の北部ほど上位の地層が分布しています．写真2は層理面と劈開面によって挟まれた棒状の部分が侵食によってばらばらになったペンシル構造です．これらの地質構造は中新世（1,900万〜1,500万年前）の日本海の拡大に伴う変動を記録していると考えられ，当時のテクトニクスを解明する上でも重要な役割をもっています．

文　献：於保幸正・山口悠哉・平山恭之，2007，地質学雑誌，**113**, 146-157.
　　　　山口悠哉・於保幸正，2007，地質学雑誌，**113**, 113-126.

●写真2
美津島町尾崎海岸にみられるペンシル構造．泥岩中に褶曲軸面劈開として発達したスレート劈開に沿って砕け，岸辺の波に打ち寄せられている．

●写真3
厳原町小茂田海岸にみられる泥岩中のスレート劈開．

褶曲

場所：対馬市豊玉町佐志賀の南方海岸
　　　（34°21′29″N, 129°18′13″E）
交通：佐志賀の漁港南端から徒歩数分．
地図：国土地理院 1/25,000 地形図「仁位（厳原）」

場所：厳原町小茂田漁港の北方海岸
　　　（34°14′34″N, 129°11′15″E）
交通：小茂田漁港から徒歩数分．
地図：国土地理院 1/25,000 地形図「小茂田（厳原）」

●写真・解説：宮田雄一郎・二宮　崇

No. 069 嘉陽層の褶曲-衝上断層帯
Fold and thrust belt in the Kayo Formation, Okinawa

●写真1
断層関連褶曲．矢印は衝上断層．

　沖縄本島四万十付加体，始新統嘉陽層には，プレート沈み込みに伴って海溝充填堆積物（タービダイト）がはぎ取られて，陸側プレートに付加した際に形成された褶曲と衝上断層が海岸沿いに露出しています．写真1は，断層運動に伴った褶曲の一例で，背斜の逆転翼に沿って衝上断層が発達しています．写真2，3は，層面に平行なすべりを伴った曲げ-すべり褶曲で，非対称な引きずり褶曲となっています．このうち写真2では，背斜のヒンジ部を挟んでその両側で褶曲の非対称性が変化しています．写真3は写真2のさらに左側にあるオーダーの1つ大きな向斜の翼部に位置している褶曲です．　写真4は砂岩泥岩互層中に認められる雁行脈です．嘉陽層は，付加体の反射法地震探査断面や砂箱モデル実験で認められるような褶曲-衝上断層帯を直接観察する上で最適のフィールドで，後世に伝えるべき学術的に貴重な自然遺産です．露頭を岩石カッターやコアラーなどで破壊することのないよう，配慮してください．

●写真2
背斜とその周囲に発達する引きずり褶曲.

●写真3
非対称褶曲. スケールは写真中央部に写っているハンマー.

●写真4
雁行配列したS字状石英脈. 脈が成長しつつ剪断変形すると, 脈の中心部は末端部に比べて剪断歪が大きく, 剪断方向への回転角度が大きいことからS字状となります. この雁行配列パターンとS字状形態は左横ずれ剪断センスを示しています. レンズキャップは直径7cmです.

褶曲

●写真 5
泥岩優勢砂岩泥岩互層中に発達する cuspate-lobate 褶曲.

●写真 6
マリオン構造：cuspate-lobate 褶曲の地層面上の構造.

粘性比の低い地層が層に平行な圧縮を受けると，短い波長で振幅の小さな褶曲，いわゆる cuspate-lobate 褶曲が形成されることがあります．この褶曲は，粘性率が相対的に低い地層が高い地層に向かって尖った形状（cusp）を，粘性率が相対的に高い地層が低い地層に向かって丸みを帯びた形状（lobate）を持つのが特徴です．嘉陽層の泥岩優勢砂岩泥岩互層中には，cuspate-lobate 褶曲（写真 5），cuspate-lobate 褶曲を地層面上で見たマリオン構造（写真 6）が発達しています．このような cuspate-lobate 褶曲は，付加体における砂岩泥岩互層内部での初期の変形（水平圧縮）により形成されたものと考えられます．

文　献：Ujiie, K., 1997, Tectonics, **16**, 305-322.

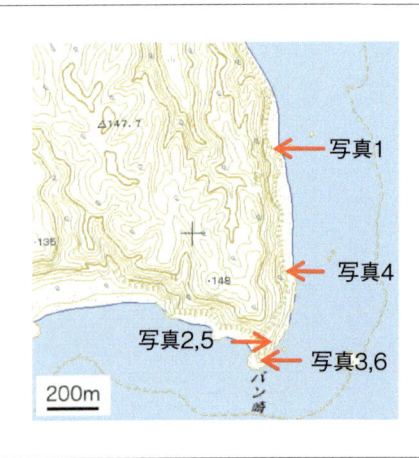

場所：沖縄県名護市天仁屋海岸
写真 1：26°33′22″N, 128°8′26″E
写真 2：26°33′0″N, 128°8′26″E
写真 3：26°32′58″N, 128°8′25″E
写真 4：26°33′8″N, 128°8′28″E
写真 5：26°33′3″N, 128°8′28″E
写真 6：26°32′59″N, 128°8′25″E
交通：国道 331 号線を北上し，天仁屋方面へ右折．
地図：国土地理院 1/25,000 地形図「天仁屋」

●写真 1〜3, 5, 6・解説：氏家恒太郎　　●写真 4：金川久一

No. 070 不動沢の活褶曲
Active fold at Fudosawa, Niigata

長岡市不動沢成出の渋海川右岸の崖で見られるこの写真の露頭は，第四紀に形成されつつある，いわゆる活褶曲（向斜）です．この活褶曲は北東-南西方向に延び，両翼が20〜40°傾斜した対称的な開いた向斜です．約200万〜60万前に魚沼層の浅海性〜河川堆積物が堆積した後に，およそ60万年前以降に水平短縮に伴って形成され始めました．露頭の上部には約3万年前の段丘堆積物（砂礫層，火山灰層）が褶曲で変形した魚沼層を削って水平に重なっています．この段丘面は，ほとんど変形していないように見えますが，現在もこの変形は進行中であると考えられます．この露頭は地元（旧越路町）を中心に精力的に調査が行われ，渋海川を挟んだ対岸側には案内板が設置されています．活褶曲を理解する上で，向斜構造の全体を見ることができる重要な露頭です

文　献：小林巌雄・立石雅昭・吉岡敏和・島津光夫，1991，長岡地域の地質．地域地質研究報告（5万分の1地質図幅），地質調査所．

場所：新潟県長岡市不動沢成出渋海川右岸越路西小学校北北東の渋海川沿い
（37°22′13″N, 138°44′46″E）
交通：JR信越本線塚山駅より，徒歩30分またはタクシー．
地図：国土地理院 1/25,000 地形図「片貝」
関連URL：越路「大地の会」
http://daichinokai.sakura.ne.jp

●写真：大地の会　●解説：大坪　誠

No. 071 歌露礫岩の変形
Deformation of the Utaro Conglomerate, Hokkaido

●写真1
著しく変形している歌露礫岩の露頭.

北海道襟裳岬からその北西の歌別にかけての海岸沿いには，漸新世の砂岩，泥岩，礫岩からなる襟裳層が細長く分布しています．この襟裳層中の礫岩の中でも歌露付近のものは，豊富に含まれる花崗岩礫が著しく変形していることから，古くから注目されてきました．Uda (1973) はこの歌露礫岩中の花崗岩礫の変形について検討し，礫の長軸/短軸比が2.0から最大12.2に達すること，この礫の伸長が多くの剪断性割れ目によりもたらされたことを明らかにしています．写真1の露頭では三次元的に礫の変形をみることができます．写真2のように，礫の伸長方向に対して斜めに入った小さな断層によって，礫が延びていることがわかります．写真3は襟裳岬の突端に分布している礫岩中の食い違い礫です．襟裳岬では歌露ほど礫は変形していないことから，礫種構成を調べてみると，日高変成帯の漸新世における削剥レベルの構成岩石を推定することができます．

文　献：Uda, T., 1973, Journal of the Geological Society of Japan, **79**, 391-398.

●**写真2**
著しく変形した花崗岩礫（白色部）.

●**写真3**
襟裳岬突端の歌露礫岩中の食い違い礫の転石．断層に沿った方解石脈面の条線と，ミ型雁行脈および引きずりが認められる．

小構造

場所：北海道えりも町歌露
（41°57′51.8″N, 143°11′29.4″E）
交通：国道336号線をえりも町中心部を抜け，歌別で襟裳岬方面へ右折．約4.8 kmで歌露に着く．海岸沿いの細い道路へ入り，入り江のところから海岸に出る．
地図：国土地理院1/25,000地形図「襟裳岬」
関連URL：北海道地質百選0400：「えりも岬の古第三系」
http://www.geosites-hokkaido.org/geosites/site0400.html

●**写真1**：川村信人　●**写真2, 3・解説**：高木秀雄

南部北上山地のスレート
Slates in the Southern Kitakami Mountains, Miyagi

●写真1
三畳系稲井層群伊里前層の石灰質砂質泥岩に発達するスレート劈開（砂岩層との境界でのスレート劈開の屈曲に注意）．地震に伴う地盤沈下のため行きにくくなっているが，北側（地形図矢印）にも露頭がある．

南部北上山地に広く分布する中古生界は白亜紀前期の造構作用によって褶曲し，花崗岩体が貫入しています．同時に，泥質岩には緑泥石やイライトなどの細粒粘土鉱物が面状に配列することによる，スレート劈開が形成されています．スレート劈開の発達した泥質岩は石材として広く利用されています．たとえば三畳系稲井層群伊里前層の石灰質泥岩（写真1）は「井内石」と呼ばれ，おもに石碑として国内で広く利用されています．ペルム系登米層や三畳系稲井層群大沢層の泥質岩（写真2）は，おもに屋根用スレートや硯石として利用されています（写真3）．後者は，改修されている東京駅の屋根にも使われています．

文　献：石井和彦・永広昌之・金川久一，1996，日本地質学会第103年学術大会見学旅行案内書，98-118.

● 写真 2
三畳系稲井層群大沢層の，低角に傾斜する泥岩層中に発達する高角なスレート劈開．右下のスケールの長さは 10 cm．

● 写真 3
2011.3.11 の地震に伴う大津波で被災した雄勝(おがつ)公民館壁面に使用されている雄勝スレート．この公民館の屋上には，大型バスが乗り上げていた．
(38° 30′ 42.9″ N, 141° 27′ 43.9″ E)

小構造

場所：宮城県石巻市桃浦
　　　(38° 23′ 38.2″ N, 141° 25′ 52.5″ E)
交通：渡波駅から桃浦漁港まで車で約 20 分 + 徒歩約 5 分．
地図：国土地理院 1/25,000「荻浜」

場所：宮城県石巻市雄勝町荒
　　　(38° 32′ 0″ N, 141° 32′ 7″ E)
交通：上雄勝から荒浜海水浴場まで車で約 35 分 + 徒歩約 5 分．
地図：国土地理院 1/25,000 地形図「大須」

● 写真 1・解説：石井和彦　● 写真 2：金川久一　● 写真 3：高木秀雄

No. 073

チャート中の安山岩質岩脈のブーディン
Boudinaged andesitic dike in bedded chert, Iwate

北部北上山地には，ジュラ紀付加体構成層が広く分布しており，南部北上山地と同様に，白亜紀前期の造構作用により褶曲して泥質岩にはスレート劈開が形成され，花崗岩体が貫入しています．写真はペルム紀〜三畳紀の層状チャート中に安山岩質岩脈が層理面にほぼ平行に貫入した露頭です．ここでは層理面に平行な方向の伸長によって安山岩質岩脈がくびれを伴ってブーディン化しており，くびれの部分は開口して石英脈が充填しています．同一露頭の写真は，狩野・村田 (2000) にも掲載されています．

文　献：狩野謙一・村田明広，2000，構造地質学 CD-ROM カラー写真集，朝倉書店，IX. 2-3B.

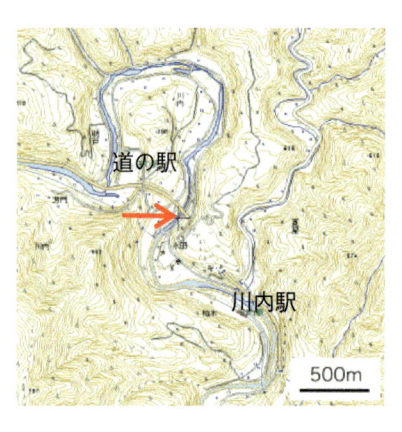

場所：岩手県宮古市川内
　　　（39°38′46″N，141°35′34″E）
交通：道の駅やまびこ館から徒歩約10分．
地図：国土地理院 1/25,000 地形図「陸中川内」

●写真・解説：金川久一

No. 074 閃緑岩脈のブーディン構造（横川の蛇石）
Boudinage of diorite sheet, Nagano

蛇石は長野県辰野町の横川川にある国の天然記念物です．領家帯弱変成部の褶曲した砂岩泥岩互層に，褶曲軸面にほぼ平行に入っている閃緑岩脈で，ブーディン構造を示します．ブーディンの隙間を充填する石英脈は多くの場合岩脈内に存在し，境界面に直交する繊維状石英と塊状石英の注入時期がみられます（右上写真）．いくつかの石英脈は閃緑岩脈内に留まらず，右下の写真のように周囲の砂岩泥岩互層まで割れてくさび状に注入しています．

文　献：信州地学教育研究会, 1980, 長野県地学図鑑, 信濃毎日新聞社.

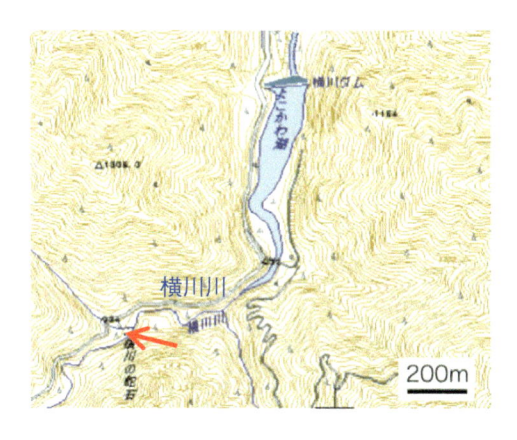

小構造

場所：長野県辰野町横川
　　　(35° 58′ 20.4″ N, 37° 53′ 53.4″ E)
交通：車で伊北インターから約40分.
地図：国土地理院 1/25,000 地形図「伊那」
関連 URL：長野県の地学，長野県地学ガイド
http://www2.ueda.ne.jp/~moa/yokokawa.html
●写真・解説：大友幸子

No.075 長瀞の雁行脈とブーディン構造
En échelon veins and boudinage in Nagatoro, Saitama

●写真 1, 2
泥質片岩中の並走するミ型雁行脈と緑色片岩中の杉型雁行脈

　長瀞のライン下りの終点，高砂橋北側の船着き場には，荒川沿いに水平に近い露岩が存在し，結晶片岩の片理面上に教科書的な雁行脈が発達しています．個々の雁行脈は厚さ 0.1～2 cm，長さ 10～20 cm 程度で，これらが幅 10～20 cm，長さ 1～数 m 程度の帯状に配列しています．写真 1 の泥質片岩にみられるミ型雁行脈（主に石英）の配列方向は北北東です．同じ露頭の荒川のそばには緑色片岩中の杉型雁行脈（主に方解石）もみられ（写真 2），その配列方向は N34°W であることから，両者は共役の関係にあるものと考えられます．また，この露頭には 2 方向のキンクバンドも発達しており，片方のキンクバンドはミ型雁行脈の配列方向にほぼ一致し，もう一つのキンクバンドは個々の雁行脈の延びの方向（N15°W）にほぼ一致しています．S字状の形態をとるものは，脈の中央部が左ずれ剪断を受けて回転し，その後末端部へと成長したモデルが考えられます．

文　献：Uemura. T. and Nishino, S., 1994, 新潟大学理学部研究報告，E 類，（地質学鉱物学）**9**, 1-23.
　　　　長瀞町教育委員会編，1997，長瀞町史 長瀞の自然，長瀞町，25-31.

●写真3
金石のブーディン構造.

長瀞町の金石(かないし)水管橋上流荒川左岸の岸壁には，かつて銅を採掘した坑道（金石採銅坑跡）が残っており，川岸には崖から崩落した大小様々な転石が重なり合っています．これらの転石の多くは赤鉄片岩からなり，しばしばブーディン構造を観察することができます．写真のブーディン構造は，層に平行な伸張により赤鉄鉱に富んだ赤褐色の層がちぎれ，個々のブーディンは中央が膨らみ両端がくびれた「ビヤ樽形」となったものです．ブーディン連結部（ネック）は白色の石英が充填し，ブーディンの上下の白色を帯びた長石などからなると思われる層は，「ビヤ樽形」ブーディンの輪郭に沿って流動しています．

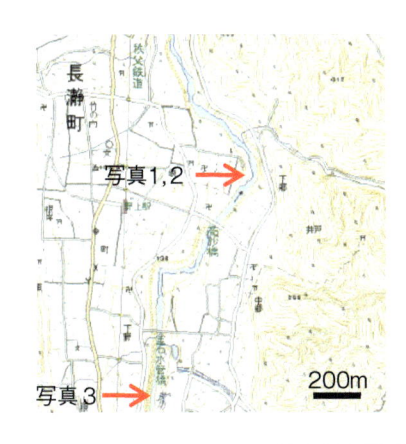

小構造

写真1
場所：埼玉県長瀞町中野上の荒川左岸
（36°06′48″N, 139°07′07″E）
交通：秩父鉄道野上駅から徒歩15分．
写真2
場所：埼玉県長瀞町長瀞の金石水管橋上流の荒川左岸
（36°06′08″N, 139°06′44″E）
交通：秩父鉄道長瀞駅から徒歩20分．
地図：1/25,000 地形図「鬼石」
関連URL：埼玉県立自然の博物館
http://www.shizen.spec.ed.jp

●写真・解説：本間岳史・高木秀雄

No. 076　淡路島の歪指標1：暗色包有物の変形
Deformation of mafic magma enclave as a strain marker, Hyogo

●写真1
志筑花崗閃緑岩中に認められる著しく扁平した暗色包有物（面構造に垂直，線構造に平行な露頭面）．

　花崗岩類には，しばしば楕円体状の暗色包有物が観察されます．暗色包有物の起源は，同時性苦鉄質岩脈の分断されたものやマグマ混合の結果液滴状となった苦鉄質マグマなど様々ですが，花崗岩類が強く変形している場合，その構造要素と調和的に暗色包有物も変形していることが多く，マグマ期〜亜マグマ期の花崗岩類の歪指標として有用であるとされています．写真は，古期領家花崗岩類の一つである志筑花崗閃緑岩（中粒角閃石黒雲母トーナル岩）の露頭で，兵庫県淡路市塩尾南方（塩尾港の南）で観察することができます．花崗閃緑岩には有色鉱物や長石の形態定向配列による顕著な面構造・線構造が発達していて，岩体固結後の塑性変形が重複しています（高橋・服部，1992）．面構造に調和的に扁平した暗色包有物は線構造方向にも伸長していて，その形態から流動変形が平面歪〜一軸短縮歪であったことが示唆されます．

淡路島の歪指標2：石英斑晶の変形
Deformation of quartz phenocryst as a strain marker, Hyogo

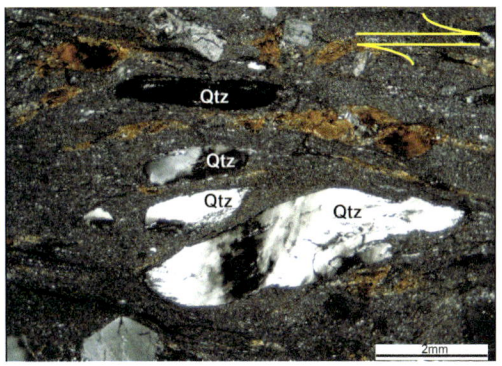

●写真2, 3
志筑花崗閃緑岩中に認められる著しく扁平した暗色包有物（面構造に垂直，線構造に平行な露頭面）．

淡路島東部のおのころアイランドの対岸のはんれい岩体には領家帯（りょうけ）の古期岩脈に相当する花崗斑岩が複数貫入しています．この岩脈はその延びの方向と平行な北西-南東走向の面構造を有し，右横ずれの剪断を受け，マイロナイト化が顕著に認められます．花崗斑岩の石英斑晶は等方体をなすことが多いことから，マイロナイト化により変形した石英斑晶は歪指標として使用可能です．また，マイロナイトの基質部が細粒であるのは，もともと斑岩の石基を構成していたからです．この地域のマイロナイト化した花崗斑岩中の石英斑晶の歪モードは，平面歪と一軸短縮歪の間の形態を持つことが多いという結果が得られています．

文　献：高橋 浩・服部 仁, 1992, 地質調査所月報, 43, 335-357.

場所：兵庫県淡路市塩尾
写真1：34° 24′ 34″ N, 134° 53′ 55″ E
写真2, 3：34° 25′ 25.6″ N, 134° 53′ 51.8″ E
交通：神戸淡路鳴門自動車道津名一宮ICより国道28号線経由，車で約15分，淡路交通バス「ワールドパークおのころ」バス停下車，徒歩約20分．
地図：国土地理院 1/25,000 地形図「志筑」「洲本」

●写真1・解説：奥平敬元・小泉奈緒子　●写真2, 3・解説：高木秀雄・加納大道

No. 077　歪指標としての放散虫化石の変形
Deformation of radiolarian fossil as a strain marker, Kyoto

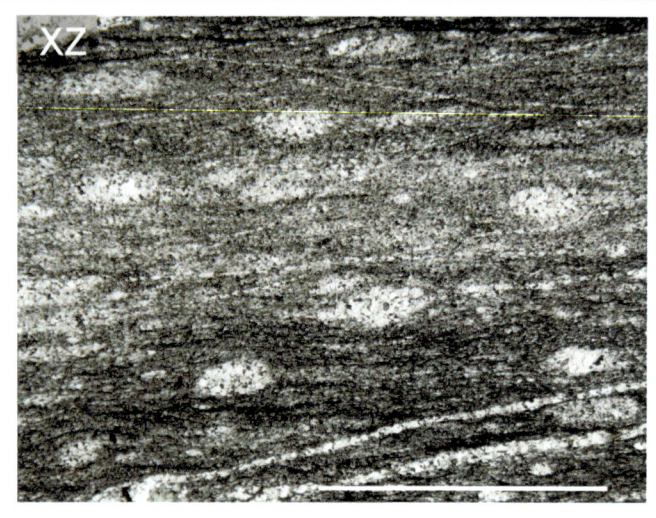

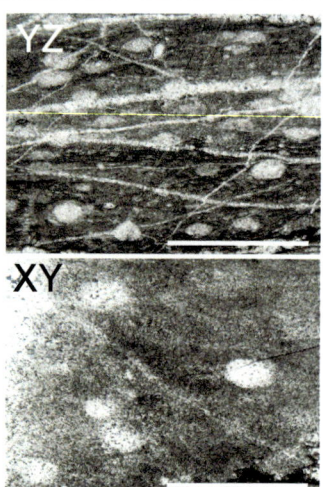

岩石の歪解析を行う場合，歪指標物と基質の物性が大きく異ならないことが前提となります．チャートは主に石英で構成され，そのチャートに含まれる放散虫化石も主に石英によって充填されているため，放散虫化石は有用な歪指標となります．写真は，京都府相楽郡和束町に産する領家変成帯の緑泥石帯-黒雲母帯に属する変成したチャート（メタチャート）の偏光顕微鏡写真（単ポーラー）です．メタチャートに観察される面構造・線構造から歪の主軸を推定し，二つの歪の主軸（$X \geq Y \geq Z$）を含む面（XY面，XZ面，YZ面）で岩石薄片を作成しました．楕円形で表されているのが放散虫化石です．変形前の放散虫化石は完全な球と仮定することはできないので，Rf-ϕ法などを用いて各面で歪解析を行った後に，三次元の歪のタイプや歪量を求めます．スケールは1 mm．

文　献：Okudaira, T., Beppu, Y., Yano, R., Tsuyama, M. and Ishii, K., 2009, Journal of Asian Earth Sciences, **35**, 34-44.

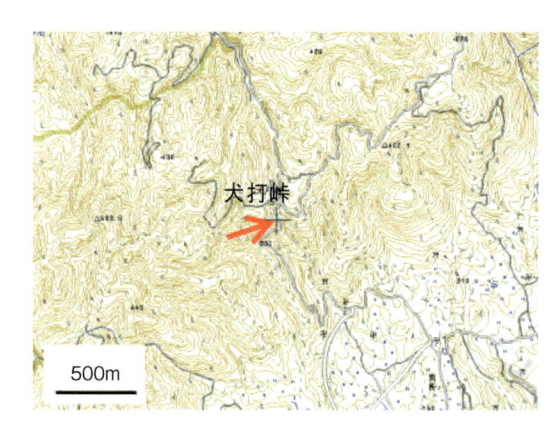

場所：京都府相楽郡和束町
　　　（34°48′43″N, 135°53′30″E）
交通：JR関西本線「加茂駅」下車，奈良交通バス和束木津線「和束山の家」バス停下車，県道62号線を北へ約1.5 km，犬打峠手前
地図：国土地理院 1/25,000 地形図「笠置」

●写真・解説：奥平敬元・宮崎智美

No. 078 大歩危の礫岩片岩の変形
Deformation of the psephitic schist at Oboke, Tokushima

吉野川のつくる大歩危峡には，三波川変成岩類の砂質片岩に伴って礫質片岩が観察されます．礫質片岩は変成と同時に変形もしており，礫が丸餅のように扁平につぶされています．扁平の程度は礫の岩質によって異なり，あまり扁平化していないものから，長径・短径比が10程度のものまであります（写真）．この礫質片岩や砂質片岩の原岩の堆積年代は，白亜紀後期（約7,500万年前）であることが砕屑性ジルコンのU-Pb年代から明らかにされ，四万十付加コンプレックスの白亜系に対比されています（大藤ほか，2010）．徳島県天然記念物．

文　献：大藤　茂・下條将徳・青木一勝・中田隆晃・丸山茂徳・柳井修一，2010，地学雑誌，**119**，333-346．

場所：徳島県三好市山城町三名
　　　（33°53′06″N, 133°45′38″E）
交通：国道32号，ドライブイン「大歩危峡まんなか」．
地図：国土地理院 1/25,000 地形図「大歩危」

●写真・解説：村田明広

小構造

No. 079 層状チャート中の共役雁行石英脈
Conjugate en échelon quartz veins in bedded chert, Gifu

●写真1
層状チャートの共役キンクバンドに伴って形成した雁行石英脈．（優秀写真）

各務原市鵜沼宝積寺の木曽川右岸には，美濃帯を構成する赤色層状チャート層の露頭が点在します．チャート層の一部は複雑に褶曲しています．赤色チャート層の層理面の走向がほぼ東西方向になったところには，"X"型を示す共役をなす石英脈群が発達し，その発達はキンクバンドの中に限られています．これらの石英脈は，左横ずれを示すキンクバンド（右上から左下）内では"ミ"型に，右横ずれを示すキンクバンド（左上から右下）内には"杉"型に，雁行配列しています．このような"X"型を示す共役石英脈は，最大圧縮応力軸が層理面と垂直になったところだけに形成されています．すなわち，石英脈の形成時には，この露頭は南北圧縮応力場にあったことがわかります．

文　献：水谷伸治郎・金折裕司，1976，科学，**46**，536-544．
　　　　金折裕司，1994，断層列島－動く断層と地震のメカニズム，近未来社，名古屋，232p.

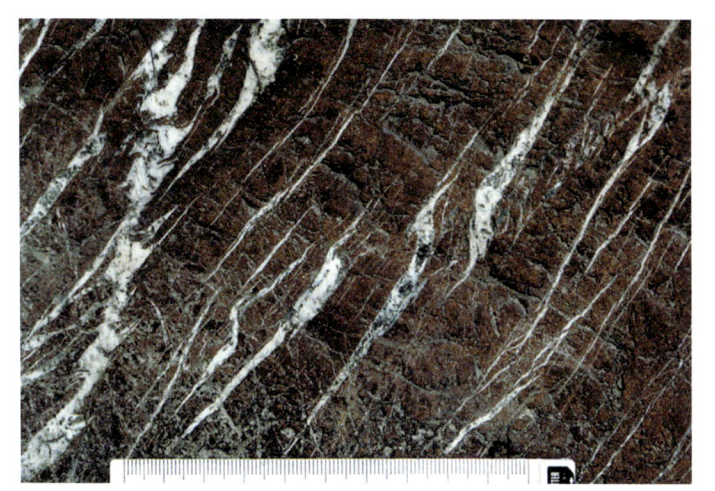

● 写真 2
層理面上での石英脈の形態．層理面にそって泥質部が剥がれ落ちて，石英脈の鉛直に近い断面が観察できるところがある．そこでは，石英脈は引き伸ばされた"S"字状を呈し，中央部の幅が広くなっている．白い石英脈中に認められる暗緑色の部分は緑泥石である．

● 写真 3
石英脈の薄片写真（直交ポーラー）．よじれた紐のように見える石英脈には，脈壁近くの繊維状の部分と中央部を埋める粒状の部分がある．これは最初に割れ目を充填した石英が延性的に変形した後に，石英脈がふたたび開口して，さらに石英によって充填されたことを示している．写真の横幅は約 3 mm．

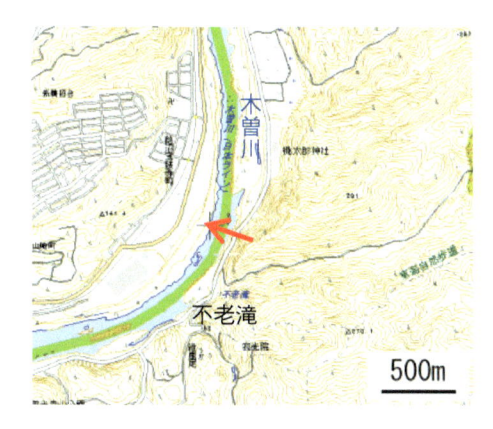

小構造

場所：岐阜県各務原市鵜沼宝積寺の木曽川右岸
　　　（35°24′5″N, 136°57′42″E）
交通：高山本線鵜沼駅徒歩 25 分
地図：国土地理院 1/25,000 地形図「犬山」
関連 URL：地質岩石写真集「犬山のチャート」
http://www.geocities.jp/qvolcanoes/inuyama.htm

● 写真 1：高木秀雄　● 写真 2, 3・解説：金折裕司

No. 080 跡倉層の共役雁行脈
Conjugate en échelon veins in the Atokura Formation, Gunma

下仁田町宮室の万年橋上手の南牧川左岸には，上部白亜系跡倉層の低角度に傾斜した砂岩泥岩互層が露出しています．ここでは宮室断層と呼ばれる正断層を境に，上流側が逆転層，下流側が正序層となっています．この正序層の表面には，写真のようにミ型・S型と杉型・Z型の共役雁行脈（方解石＋石英脈）を観察することができます．ミ型・S型は左ずれ，杉型・Z型は右ずれの変位を意味するので，最大圧縮主応力は写真の上下方向となります．なお，断層西側（上流側）の逆転層は広域にわたってみられ，逆転の証拠を示す様々な堆積構造も観察されることから，下仁田ジオパークの大変貴重なジオサイトとなっています．

文　献：新井宏嘉, 2002, 地質学雑誌, **108**, 575-590.

場所：群馬県下仁田町宮室南牧川左岸
　　　(36°11′52.8″N, 138°45′21.8″E)
交通：上信電鉄「下仁田」駅より車で18分.
地図：国土地理院 1/25,000 地形図「下仁田」
関連URL：下仁田ジオパーク
http://www.shimonita-geopark.jp

●写真・解説：新井宏嘉・高木秀雄

小構造

No. 081 嘉陽層の劈開の屈折
Reflection of cleavage in the Kayo Formation, Okinawa

コンピテンシー較差のある地層中に劈開が発達する場合，硬いコンピテント層と軟らかいインコンピテント層間での歪量の違いを調整するために劈開が屈折します．コンピテント層の砂岩はインコンピテント層の泥岩に比べて歪まないため，層境界に対する劈開の傾斜はコンピテント層の方がインコンピテント層に比べ高角度となります．写真は，沖縄本島四万十付加体，始新統嘉陽層に認められる劈開の屈折です．

文　献：Ujiie, K., 1997, Tectonics, **16**, 305-322.

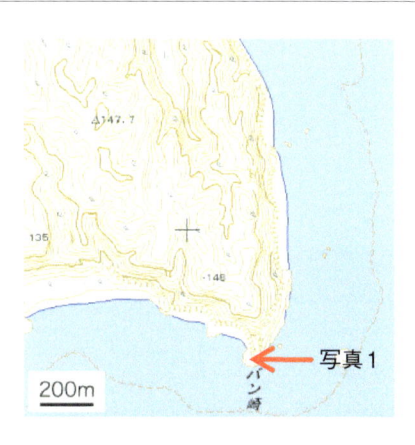

場所：沖縄県名護市天仁屋海岸
　　　(26°32′58″N, 128°8′23″E)
交通：国道331号線を北上し，天仁屋方面へ右折．
地図：国土地理院 1/25,000 地形図「天仁屋」

●写真・解説：氏家恒太郎

No. 082 槙峰メランジュ中の伸長線構造
Stretching lineation in the Makimine Mélange, Miyazaki

●写真1
劈開面上に発達する伸長線構造.

　九州東部の四万十付加体に分布する上部白亜系槙峰メランジュは，緑色片岩相にまで達する変成作用を被っていることから，深部（深度10〜15 km）の付加体であるとみなされています．槙峰メランジュの構造的下位にはしばしば，メランジュの泥質基質中に含まれる砂岩ブロックが一方向に伸長して配列することで規定される伸長線構造が発達しています．写真1は，劈開面上に発達する伸長線構造です．伸長線構造と高角をなす波打った構造は，キンクバンドの発達によるものです．写真2, 3は，それぞれ同一露頭を劈開面に直交し伸長線構造に平行な方向でみたもの，劈開面と伸長線構造の双方に直交する方向でみたものです．これらの写真から，砂岩ブロックが一方向に著しく引き伸ばされていることが3次元的に理解できます．槙峰メランジュ中に発達する伸長線構造は，海洋プレート上の堆積物が深部まで沈み込み，付加体下底部に底付けした際の延性変形を反映していると考えられています．

文　献：Mackenzie, J. S., Needham, D. T. and Agar, S. M., 1987, Geology, **15**, 353-356.
　　　　Toriumi, M., and Teruya, J., 1988, Modern Geology, **12**, 303-324.

●写真2
劈開面に直交し伸長線構造に平行な方向でみた露頭.

●写真3
劈開面と伸長線構造の双方に直交する方向でみた露頭.

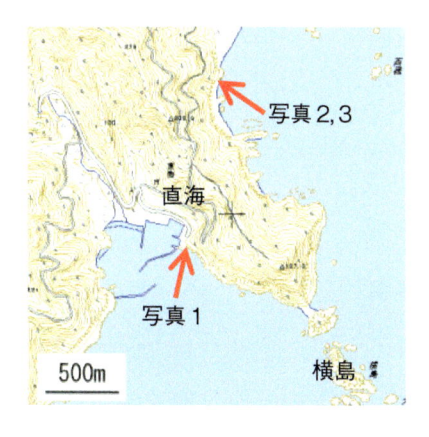

小構造

場所：宮崎県延岡市直海(のうみ)海岸
写真1：32°43′02″N, 131°51′28″E
写真2,3：32°43′37″N, 131°51′36″E
交通：県道122号線から直海海岸に向かって降りる.
地図：国土地理院1/25,000地形図「古江」

●写真・解説：氏家恒太郎

No. 083 新冠泥火山
Mud volcano at Niikappu, Hokkaido

日高地方の新冠町周辺には，国内最大級の泥火山の分布があります．その代表格が新冠町高江の新冠泥火山群で，4つの泥火山丘が確認できます（写真上）．ここでは，地震に伴って噴泥や亀裂の発生などの変動が発生しています．最近では2003年と2008年の十勝沖地震で噴泥が見られました．写真下は2008年9月の噴泥を2009年3月に撮影したものですが，現在は頂部の泥塊は流され，草で覆われています．

メランジュなど

場所：北海道新冠町判官館北方高江
　　　　（42° 22′ 34″ N, 142° 18′ 32″ E）
交通：国道235号線を新冠方面へ走り節婦を抜け，朝日方面への信号交差点の手前左側の牧場内．見学には牧場主の許可が必要．
地図：国土地理院 1/25,000 地形図「静内」
関連URL：北海道地質百選0007：「新冠とその周辺の泥火山」
http//www.geosites-hokkaido.org/geosites/site0007.html

●写真・解説：川村信人・田近　淳

No. 084 釧路興津海岸の巨大砂岩脈
Sandstone dike at Kushiro, Hokkaido

ここで紹介する砂岩脈は，北海道で最大であり，国内でも最大級のものです．釧路市興津海岸の海蝕崖には，釧路炭田地域の挟炭層である始新統雄別層がほぼ水平に露出しています．雄別層は，おもに砂岩・シルト岩・礫岩互層からなる河成層で，その中に，厚さ約4.6 mのほぼ垂直な砂岩脈が貫入しています（写真）．この砂岩脈は永渕（1952）によって初めて記載され，『春採太郎』の愛称が付けられています．砂岩脈内部は，横方向に分化しており，粒度差やラミナ様構造などが確認できます．（優秀写真）

文　献：永渕正叙, 1952, 炭鉱技術, 7, 13-15.

場　所：北海道釧路市興津海岸
　　　　（N42° 57′ 26″, E144° 24′ 29″）
交　通：釧路市街から東へ紫雲台を過ぎ，興津小学校の手前の沢を降りる小道から海岸へ出る．そこから狭い海岸を西側へ歩く．最初の岩礁部は，大潮の干潮時のみ通れるので観察時間には注意が必要．
地　図：国土地理院 1/25,000 地形図「釧路」
関連 URL：北海道地質百選 0010：「春採太郎」
http://www.geosites-hokkaido.org/geosites/site0010.html

●写真・解説：川村信人

メランジュなど

No. 085 三崎層の乱堆積構造とデュープレックス
Chaotic beds and duplex in the Misaki Formation, Kanagana

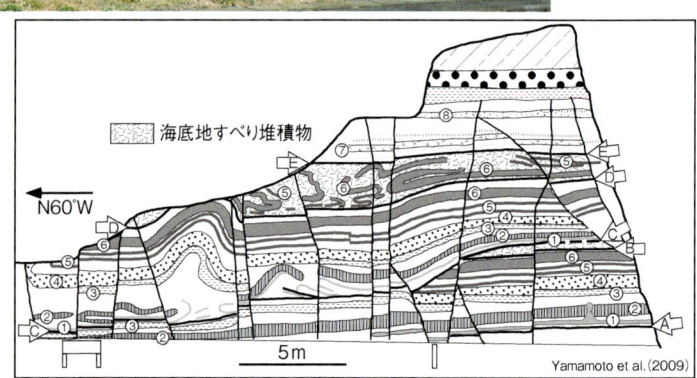

● 写真1
神奈川県三浦市海外町のスランプ褶曲．県の天然記念物．

後期中新世の800万年前後の火砕質堆積物からなる三浦層群三崎層には，地層に平行なすべり面がよく発達し，それに伴う様々な構造が見学できます．海外町の露頭は，2段階のすべりが観察できます．図の矢印BおよびDで示されたすべり面の上位層は，南東からの地すべり性堆積物で同層準であり，さらにそれらを逆断層でずらす南東へのすべり面Cも見られます．海外町から海岸沿いに北へ向かうと，さまざまな層準にカオティックな性状を示す混在岩が分布しています．その多くは，液状化を伴った注入岩です．ブロックには，写真2のようなデュープレックス構造，また脈状構造，共役の逆断層などが含まれており，それらの構造形成後に，大規模な再配列が行われたことが分かります（写真3）．

文　献：Yamamoto, Y., Nidaira, M., Ohta, Y., and Ogawa, Y., 2009, Island Arc, **18**, 496-512.
　　　　山本由弦・大田恭史・小川勇二郎，1998，地質学雑誌，**104**，XVII-XVIII.
　　　　小川勇二郎・山本由弦・仁平麻奈美，2003，日本地質学会第110年学術大会（静岡）見学旅行案内書，143-162.

●写真2
黒鯛込のデュープレックス構造.デュープレックスの周辺は,すべて液状化によってできた礫状岩である.東を向いて撮影.

●写真3
浜諸磯の液状化によってできた礫状岩.

場所：神奈川県三浦市海外町〜黒鯛込〜浜諸磯
写真1：（35°8′53″N,139°37′51″E）
写真2：（35°9′1″N,139°36′50″E）
写真3：（35°9′11″N,139°36′31″E）
交通：京浜急行三崎口駅からバスで三崎港（または三崎東岡）へ.徒歩10分.
地図：国土地理院 1/25,000 地形図「三浦三崎」
関連URL：三浦半島の地層・地質
http://www.edu.city.yokosuka.kanagawa.jp/chisou/

●写真・解説：山本由弦・小川勇二郎

メランジュなど

No. 086 房総半島三浦層群の脈状構造
Vein structure in the Miura Group, Boso Peninsula, Chiba

●写真1
千葉県鋸南町島戸倉の典型的な脈状構造.

脈状構造は中新世の三浦層群の珪藻質の泥岩に特徴的に発達します．千葉県鋸南町島戸倉の海岸，南房総市千倉町元田の瀬戸川河口，館山市西川名，神奈川県横須賀市観音崎などで観察できます．細粒の粘土鉱物が濃集した脈が，規則的に発達する割れ目を充填しています．上の写真のように，太くて長い脈の間に，細くて短い，後から生じた脈が発達することが分かります．このように脈状構造は，脈の間隔や高さなどに一定の規則があり，振動による定常波の共振により形成したものと考えられています．この泥岩を粉状にして，透明ケースに入れて左右に振ると，類似の構造ができることが分かります．このことから多くは，地震時によるもと考えられていますが，地すべりや断層運動によっても形成され得ると考えられます．写真1は，島戸倉の海岸に観察される典型的な脈状構造です．また写真2と3は，開いたX字状に発達する脈状構造の露頭と転石です．脈状構造は，陸上ではカリフォルニア州から，また海底下では小笠原海溝沖，チリ沖，アラスカ沖の海溝陸側斜面の珪藻質の泥岩からも知られています．それは，珪藻のオパールが固結作用をもたらし，それによってわずかな強度が発生するために，引っ張り割れ目ができやすくなることが，この種の岩石に発達する理由とも考えられています．

文　献：小川勇二郎，1980，九州大学理学部研究報告（地質学），**13**, 321-327.
　　　　Ohsumi, T., and Ogawa, Y., 2008, Journal of Structural Geology, **30**, 719-724.

● 写真 2, 3

島戸倉で観察される開いたX字状のゾーンに発達する脈状構造．右上から左下へのゾーンではS字状，左上から右下のゾーンではZ字状に脈が規則的に配列している．ある脈は，以前の脈を切っている．これらは，脈の形成中にそのような剪断ゾーンが発達したことを暗示している．このように，双方向への対象的な剪断は，地震時の振動によるものと解釈される．

場所：千葉県鋸南町島戸倉の海岸
　　　(35° 11′ 14″ N, 139° 49′ 5″ E)
交通：JR内房線浜金谷駅北，徒歩20分．
地図：国土地理院 1/25,000 地形図「上総湊」

● 写真・解説：小川勇二郎

メランジュなど

| No. 087 | **千倉層群の海底地すべりとデュープレックス**
Submarine landslide and duplex in the Chikura Group, Chiba |

●写真1
千倉層群畑層に発達する，海底地すべりによる乱堆積物．

上部鮮新統〜更新統の千倉層群畑層中に発達するこの露頭は，約200万年前の地震によって砂層が液状化し，それらが北に傾いた海底斜面上を移動したものと考えられています．2007年度初頭に房総半島南部の農業道路建設現場において発見されました（Yamamoto et al., 2007）．海底地すべり岩体の厚さは約20mにおよびますが，現在はその半分程度が保存され，駐車場や案内看板も設置されています．地震によって液状化した砂が地層を突き破っている様子や，地すべりを起こした際に大きなブロックが回転して上下反対になってしまった様子が，観察できます．この露頭は，運動方向に対してほぼ真横から観察できることから，地震が誘発した海底地すべりの内部構造を把握する上で非常に貴重な資料です．周辺の沢を調査すると，この岩体は断続的に東西5km以上に追跡できます．日本のような沈み込み帯で，海底斜面がどのように傾動し，海底地すべりがどのように発達するか，研究が進められています．

文　献：Yamamoto, Y., Ogawa, Y., Uchino, T., Muraoka, S., and Chiba, T., 2007, Island Arc, **16**, 505-507.

●写真2
設置されている案内看板に向かって背後にある露頭．液状化した砂が地層を突き破り，ジグソーパズルのようにブロック化している．

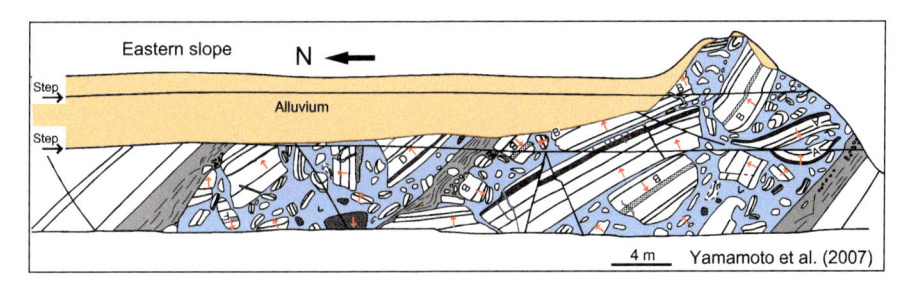

●図1
海底地すべり岩体のスケッチ．赤矢印は地層の上位方向．水色部分は液状化した砂を示す．ブロックが回転したり，砂が地層を突き破っている様子がわかる．

場所：千葉県南房総市，安房グリーンライン沿い
　　　（34°55′23″N, 139°54′18″E）
交通：JR高速バス（なのはな号）安房白浜下車，徒歩30分．またはタクシー．
地図：国土地理院 1/25,000 地形図「白浜」
関連URL：日本地質学会・地質フォト 地震が作り出した芸術：巨大乱堆積物
http://www.geosociety.jp/faq/content0087.html

メランジュなど

●写真3
千倉層群に発達するデュープレックス構造2例．「R」がついた矢印はルーフ衝上断層，「F」はフロアー衝上断層．フロアー衝上断層から分岐するランプ衝上断層も多数観察できる．

千倉層群は，下位の付加体（三浦層群西岬層）を不整合に覆う海溝斜面堆積物です．基盤となる付加体の短縮と隆起によって，千倉層群も側方短縮と海底面の傾動が活発に起こっていたと考えられています．この傾動によって多くの海底地すべりが形成されました．ここで紹介するデュープレックス構造も海底地すべりによって形成されたもので，デブリを含むすべり面によって同じ層が何度も積み重なった産状をしています．

文　献：川上俊介・宍倉正展，2006，館山地域の地質．地域地質研究報告（5万分の1地質図幅），産総研地質調査総合センター，82p．

場所：千葉県南房総市千倉町忽戸
　　　（34°56′51″N，139°57′54″E）
交通：JRバス安房白浜もしくはJR内房線千倉駅から路線バス．忽戸バス停下車5分．
地図：国土地理院 1/25,000 地形図「千倉」

●写真・解説：山本由弦

No. 088　江見層群のクモの巣構造
Web structure in the Emi Group, Chiba

クモの巣状構造（ウェッブ構造）は房総半島の下〜中部中新統の江見層群（保田層群）の砂岩に典型的に発達します．江見層群以外にも，四万十層群，コディアク島の付加体中の砂岩，三浦層群のスコリア質砂岩礫岩層などからも知られており，急速な堆積と脱水時の変形が必要条件と考えられます．この構造には，脱水脈，変位を伴う小規模な断層などがあり，内部組織の観察から，早期のものほど粒子が浮いた状態での流動，後期のものほど粒子間の摩擦すべりによる細粒化（カタクレーシス）を示します．

文　献：廣野哲朗, 1996, 地質学雑誌, **102**, 804-815.

場所：千葉県鴨川市江見
　　　（35°03′30″N, 140°04′04″E）
交通：JR内房線 江見駅から徒歩10分．
地図：国土地理院 1/25,000 地形図「安房和田」

●写真・解説：小川勇二郎・廣野哲朗

メランジュなど

| No. 089 | # 赤石山地四万十帯の構造性メランジュ
Tectonic mélange of the Shimanto Belt in Akaishi Range, Shizuoka |

●写真1
泥質基質優勢のメランジュ．露頭面上で左横ずれを示すS-C状複合面構造が発達している．

赤石山地の四万十帯，白亜紀最後期の犬居層群は，分布域の幅約10 kmの規模を持つメランジュからなります．このメランジュは，様々な大きさに分断された砂岩が泥質岩の基質中に散在した典型的なメランジュ組織を持ち，ところにより最大数10 mの幅を持つ緑色岩を異地性岩体として取り込んでいます．メランジュ基質には鱗片状劈開が発達し，砂岩のレンズ状岩体はS-C状構造やデュープレックス構造をとるようにして配列しています．このことから，このメランジュは層平行な剪断変形によって形成された構造性（テクトニック）メランジュであると判断できます．広域的にメランジュ組織を解析した結果，左横ずれ逆断層成分が顕著であることから，最後期白亜紀の太平洋プレートの左斜め沈み込みに伴って形成されたものであることが示されました．

文　献：Kano, K., Nakaji, M. and Takeuchi, S., 1991, Tectonophysics, **185**, 375-388.
　　　　日本地質学会編，2006，日本地方地質誌4 中部地方，朝倉書店，264-265.

● 写真 2
砂岩のレンズ状クラストを多量に含むメランジュで,デュープレックス状の積み重なりを持つ.

写真 1：三盃北方の大井川河床
　　　　（35°06′35″N, 138°07′31″E）
場所：静岡県榛原郡川根本町三盃
交通：大井川鉄道本線終点,千頭駅の西方約 800 m.千頭駅の西方約 800 m,三盃の川根インダストリー付近から大井川左岸に降りて北西方に河原を歩く.
地図：国土地理院 1/25,000 地形図「千頭」

写真 2：池ノ谷の寸又川右岸壁
　　　　（35°08′26″N, 138°07′38″E）
場所：静岡県榛原郡川根本町池ノ谷
交通：大井川鉄道井川線,沢間駅から寸又川右岸林道で池ノ谷キャンプ場を目指す.池ノ谷橋をわたって左岸側から寸又川河床におり右岸側に渡渉,橋の約 100 m 上流の右岸側崖.

● 写真・解説：狩野謙一

No. 090 美濃帯のペルム紀海山起源のメランジュ
Mélange derived from Permian seamount in the Mino Terrane, Shiga

鈴鹿山脈北部の美濃帯には，ペルム紀の海山起源の石灰岩・玄武岩からなるメランジュが分布しています．このメランジュは，ペルム紀以降に海山が山体崩壊を起こし，岩石が機械的な破壊・混合を受けて形成されたと考えられています．写真は，芹川沿いの左岸の露頭で，写真の灰色の部分は，海山頂部で堆積した浅海成石灰岩のブロック，あるいは，海山斜面に堆積したペルム紀のタービダイト・土石流堆積物からなるブロックです．これらのブロックの間を占めている赤褐色の部分は，海山本体を構成していた玄武岩の径数 mm～数 m の破砕物からなります．

文　献：山縣　毅, 2000, 地質学論集, no. 55, 165-179.

場所：滋賀県犬上郡多賀町河内（芹川の左岸の川沿いの崖）
（35°15′0.2″N, 136°20′20.6″E）
交通：近江鉄道多賀大社前駅より車で 20 分.
地図：国土地理院 1/25,000 地形図「高宮」
関連 URL：山縣毅研究室
http://www.komazawa-u.ac.jp/~tyama

●写真・解説：山縣　毅

No. 091　室戸，黒耳の乱堆積物
Chaotic unit at Kuromi, Muroto, Kochi

この露頭は，四国四万十帯古第三系の室戸層にある黒耳の乱堆積物です．淘汰の悪い黒色泥岩を基質として砂岩のブロックがランダムな方向で産しています．四万十帯のほかのメランジュでよく見られるスケーリー劈開やブロックの非対称組織を持たない点が特徴です．乱堆積物を砂岩の注入脈が切っていることからも，海底面表層近くで変形したものと考えられます．

文　献：平　朝彦・田代正之・岡村　眞・甲藤次郎，1980，四万十帯の地質学と古生物学－甲藤次郎教授還暦記念論文集，林野弘済会出版，319-389．

場所：高知県室戸市吉良川町黒耳
　　　　（33° 18′ 47.3″ N, 134° 06′ 27.1″ E）
交通：国道55号線沿い．高知市より車で約2時間．
地図：国土地理院 1/25,000 地形図「室戸岬」
関連URL：室戸ジオパーク
http://www.muroto-geo.jp/www/

●写真・解説：坂口有人

メランジュなど

No. 092 田辺層群の泥ダイアピル
Mud diapir of the Tanabe Group, Wakayama

●写真1
干潮時に露出する「見草」ダイアピル．写真左側は母岩の砂岩泥岩互層，右側は含礫泥岩を主体とするダイアピル岩体で幅約200mにわたって露出している．内部には礫の密集した部分もあり，母岩由来の径数mの砂岩ブロックを含んでいる．ダイアピル周縁部には，母岩がブロックとして取り込まれている．ダイアピル岩体に貫入する泥岩脈には2種類あり，砂岩ブロックの内部だけにみられる脈は，ダイアピルが貫入する前に泥岩脈が母岩中に貫入したことを示している．ダイアピルより上位の母岩中にも，多くの含礫泥岩のシルと岩脈がみられる．

田辺層群の白浜累層には，円筒状やドーム状の泥ダイアピルと，それに伴うシルや岩脈状の貫入岩体が見られます．これらは少なくとも数百m以上深いところから泥が上昇したことを示しており，ガスや水に伴われて上昇したと考えられます．写真1の見草岩体は長径200mあまりのラコリス状で，その上位はシル・岩脈に富んでいます．写真2の市江崎地域の円筒状岩体は，直径数十mで母岩をほぼ垂直に貫く．直径約150mでドーム状の市江崎岩体は，母岩の成層構造をほとんど乱すことなく母岩のブロックや粒子を多量に取り込んでいます．岩体を中心に，放射状の泥岩脈・砂岩脈が母岩を貫いています．これらのダイアピルは白浜累層の堆積時に貫入し，上昇途中で粗粒物質を取り込みながら岩相を変化させ，一部は当時の海底面に噴出したたと考えられます．

文　献：宮田雄一郎・三宅邦彦・田中和広，2009，地質学雑誌，**115**，470-482．

メランジュなど

● **写真 2**
市江崎ダイアピルの内部．縦横に砂岩脈が走り，右上には直径2mほどのパイプ状砂岩の断面もみられる．この石英質砂岩脈は泥ダイアピルと周囲の地層の両者に貫入している．ダイアピル周囲数100mの母岩（白浜累層下部の陸棚相）中には多数の泥岩脈が放射状に貫入している．

● **写真 3**
ダイアピル模型実験．細粒砂層の堆積した水槽の下部から，着色した泥水を圧入したもの（横幅45 cm）．断層を伴うドーム構造やストーピングなどがみられる．

場所：和歌山県西牟婁郡白浜町見草の海岸
　　　(33°36′53″N, 135°23′45″E)
交通：JR椿駅から徒歩20分．
地図：国土地理院 1/25,000 地形図「富田」

場所：和歌山県西牟婁郡白浜町日置の市江崎海岸
　　　(33°35′03″N, 135°23′58″E)
交通：市江崎漁港から徒歩20分．

● 写真1, 3・解説：宮田雄一郎　● 写真2：高木秀雄

メランジュなど

No. 093 牟岐メランジュ中の地震性断層岩
Seismogenic fault rocks in the Mugi Mélange, Tokushima

●写真1
玄武岩起源のウルトラカタクレーサイト．構造的上位のメランジュに対し粉砕物が注入したことを示す注入構造が発達しており，断層運動時に粉砕物が流体のように振る舞う流動化（fluidization）が起こったことを示している．

四国東部の四万十付加体に分布する上部白亜系（一部古第三系）牟岐メランジュには，深度4〜6 kmで形成された2種類の地震性断層岩が露出しています．一つは厚さ数cmのウルトラカタクレーサイトに記録されており，粉砕物の流動化（fluidization）に伴う注入構造が認められます（写真1）．このウルトラカタクレーサイトでは，地震時の摩擦発熱による温度上昇（周囲より30〜150℃上昇）の証拠も見つかっています．もう一つはシュードタキライトです（写真2）．シュードタキライト脈は，カタクレーサイト化したメランジュ中に発達しており，微細構造や化学組成の検討により，主にイライトからなるすべり帯が温度1,100℃以上で摩擦溶融した結果，形成されたことが明らかになっています．これらの地震性断層岩は，南海トラフなどで起こる海溝型巨大地震の発生過程を理解するうえで格好の題材です．

文　献：Ujiie, K., Yamaguchi, A., Kimura, G. and Toh, S., 2007, Earth and Planetary Science Letters, **259**, 307-318.
Ujiie, K., Yamaguchi, H., Sakaguchi, A. and Toh, S., 2007, Journal of Structural Geology, **29**, 599-613.

メランジュなど

●写真2
メランジュ起源の面状カタクレーサイトのP面（右上から左下に傾斜する面構造）をシャープに切り，Y面（鉛直方向に発達する剪断面）に沿って発達するシュードタキライト脈．厚さ数mm以下のすべり帯において，地震時に摩擦熔融が起こったことを示している．

場所：徳島県海部郡牟岐海岸
　　　（33°40′05″N, 134°27′18″E）
交通：南阿波サンラインから海岸に向かって南下．
地図：国土地理院 1/25,000 地形図「山河内」

場所：徳島県海部郡明丸海岸
　　　（33°40′56″N, 134°28′58″E）

●写真・解説：氏家恒太郎

No. 094 横浪メランジュと地震性断層岩
Yokonami Mélange and seismogenic fault rocks, Kochi

●写真1
砂岩ブロックが泥質基質に取り囲まれ，泥質基質には面構造が発達した構造性メランジュ．

横浪メランジュでは典型的な構造性メランジュが観察できます．メランジュは付加体に見られる特徴的な岩石で，砂岩などの非対称な形状をしたブロックが泥質な基質に取り囲まれ，基質には複合面構造が発達しています．このような産状から，これらの組織が剪断変形によって形成されたと考えられ，構造性メランジュと呼ばれています．初生的な変形構造であり，深部（約5〜7 km）の変形であることから，沈み込むプレート境界の化石と考えられています．横浪メランジュの北の境界には断層帯が露出しており，上盤の須崎層（砂岩泥岩主体のコヒーレント相）と接しています．この北縁断層は数mの幅を持ち（写真2），複数の数十cm程度の幅のカタクレーサイト帯からなります．このカタクレーサイト帯の内部にほぼ平行に100 μmほどの薄い直線的な断層岩が発達しています（写真3）．この直線的な断層岩は地震のような比較的高速な変位によるものと考えられます．五色ノ浜の横浪メランジュは，2011年2月に国の天然記念物に指定されました．

文　献：坂口有人・橋本善孝・向吉秀樹・横田崇輔・高木美恵・菊池岳人, 2006, 地質学雑誌, **112** 補遺, 71-88. Hashimoto, Y. et al., 2012, Island Arc, **21**, 53-64.

●写真2
横浪メランジュ北縁断層帯の全体写真．矢印で示した断層の間が強く破砕されている．

●写真3
横浪メランジュ北縁断層帯に見られるカタクレーサイト帯と内部に発達する薄い直線的な極細粒断層岩（矢印）．

場所：高知県土佐市五色ノ浜
写真1：33° 25′ 38.6″ N, 133° 27′ 29.6″ E
写真2：33° 25′ 42.3″ N, 133° 27′ 33.8″ E
　　　（五色ノ浜周辺）
交通：高知県交通バス（宮前スカイライン入り口下車）
　　　＋徒歩3km．
地図：1/25,000 地形図「土佐高岡」
関連URL：フィールドガイド横浪メランジュ巡検ルート
http://www.arito.jp/FG09.shtml

●写真・解説：橋本善孝

No. 095 興津メランジュ中の地震性断層岩
Seismogenic fault rocks in the Okitsu Mélange, Kochi

●写真1
興津断層（破線の間）の露頭写真．断層帯の上盤側（右上）は野々川層，下盤側（左下）は興津メランジュ．

　四国四万十帯白亜系の興津メランジュの北縁には，プレート沈み込み帯として初めてのシュードタキライトが報告された断層（興津断層）が存在します．興津メランジュは海洋底層序が覆瓦状に重なるデュープレックス構造をなしており，興津断層はそのルーフ衝上断層に相当します（写真1）．北側はタービダイト相である野々川層と接しており，幅10数mの断層帯は黒色頁岩，変質玄武岩，カタクレーサイト，シュードタキライトから構成されます．断層の中央部は，変形したアンケライト，石英，方解石等の鉱物脈が多産し，それを切るかたちで薄く暗色のシュードタキライトが観察されます（写真2, 3）．プレート沈み込み帯の震源断層に流体が流れていたことが示されます．2011年3月に国の天然記念物に指定されました．

文　献：Ikesawa,E., A., Sakaguchi and G., Kimura. 2003, Geology, **31**, 637-640.
　　　　坂口有人・橋本 善孝・向吉 秀樹，横田 崇輔，高木 美恵，菊池 岳人. 2006. 地質学雑誌, **112** 補遺, 71-88.

●写真2
興津断層の中央部.

●写真3
シュードタキライトの薄片写真（単ポーラー）. 顕微鏡では, シュードタキライトは主剪断面 (a) とそこから派生する注入脈 (b) が観察される. 高温のメルトが周囲の母岩を融解した湾入組織も認められる (c). 新しい注入脈は古いシュードタキライトを切っており (d), それもまた切られている (e). 地震性のすべりが繰り返し起きたことを示している.

場所：高知県四万十町小鶴津
　　　(33°13′11″N, 133°14′43″E)
交通：高知自動車道中土佐ICから車で30分.
地図：1/25,000 地形図「窪川」
関連URL：フィールドガイド 世界初の沈み込み帯の
　　　　　地震の化石
http://www.arito.jp/FG07.shtml

メランジュなど

●写真・解説：坂口有人

No. 096 室戸，行当岬の砂岩脈
Sandstone dikes at Gyodo-misaki, Muroto, Kochi

●写真1
砂岩泥岩互層を貫く砂岩脈とシル．

室戸半島の行当岬は，四万十帯南帯の主に古第三紀の地層の変形を観察する上で優れた場所です．行当岬の砂岩泥岩互層には，地層と斜交ないし直交する砂岩脈および地層と平行なシルが観察されます（写真1）．砂岩脈は高間隙水圧によって液状化した砂層が砂岩泥岩互層に岩脈状に注入し，固結したものです．液状化する理由として，地震による流体流路の形成が考えられます．地層を構成する砂岩はラミナやリップルなどの堆積構造をよく保存しているのに対し，岩脈やシルは均質な粒径（中粒から粗粒砂）で無構造であることから区別できます．場所によっては砂岩脈が，後のスレート劈開の変形場と調和的な褶曲を示すところも見られます（写真2）．また，行当岬の北方の道の駅付近では，小規模のダイアピルに類似したコンボリューションを見ることができます（写真3）．

文　献：南澤智美・桑野一彦・坂口有人・橋本善孝，2006，構造地質，no. 49，89-98.

● 写真2
地層と斜交して発達する砂岩脈．スレート劈開（泥岩中に発達する右上から左下に傾斜する面構造）形成時の圧縮に伴って砂岩脈が褶曲している．

● 写真3
小規模なダイアピルを連想させるコンボリューション．

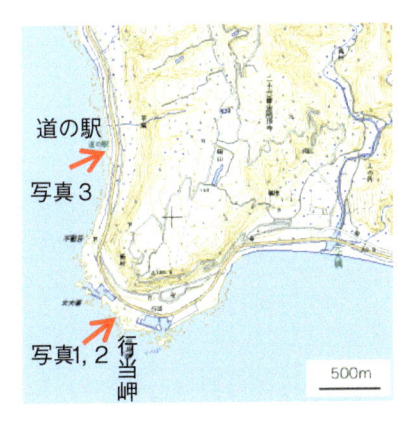

場所：高知県室戸市行当岬およびその北方の道の駅
写真1：33°17′41″N, 134°6′39″E
写真3：33°18′20.7″N, 134°06′34.7″E
交通：奈半利駅からバスで新村不動下車．
地図：国土地理院 1/25,000 地形図「室戸岬」
関連URL：室戸ジオパーク
http://www.muroto-geo.jp/www/

● 写真1：高木秀雄　● 写真2：氏家恒太郎　● 写真3：Simon Wallis　● 解説：橋本善孝

メランジュなど

No. 097 大野川層群のスランプ褶曲と変成岩ブロック
Slump fold and metamorphic block in the Onogawa Group, Oita

●写真2
スランプ褶曲軸部の劈開.

●写真1
スランプ褶曲で折り畳まれた砂岩層.

上部白亜系大野川層群は，和泉層群と同様に中央構造線の左横ずれ運動に伴って形成された堆積盆に堆積したもので，砂岩や砂岩泥岩互層の卓越する海成層です．このスランプ褶曲は，大野川層群海辺層中に見られる背斜で，砂岩層が完全に折り畳まれて，翼間角が0°になっています．砂岩層の背斜軸部には，軸面劈開が観察され，圧力溶解で形成された可能性があります．

文　献：狩野謙一・村田明広，1998，構造地質学 CD-ROM 写真集，朝倉書店．

●写真3
大野川層群海辺層中の巨大結晶片岩ブロック．

大野川層群海辺層の砂岩中に，長径2mを越える泥質片岩のブロックが含まれています．この変成岩ブロックは，当初，すぐ北側に分布する三波川(さんばがわ)変成岩類起源と考えられていましたが，白雲母の放射年代が199〜182 Maを示すことから，三郡(さんぐん)変成岩類起源であることが明らかにされました（Isozaki and Itaya, 1989）．この年代は，臼杵川(うすきがわ)石英閃緑岩体に伴われる生ノ原(しょうのはる)変成岩類の年代や岩相とよく一致することから，直接的には生ノ原変成岩類からもたらされたものと考えられます．

文　献：Isozaki, Y. and Itaya, T., 1989, Journal of Geological Society of Japan, **95**, 361-368.

場所：大分県臼杵市下ノ江(したのえ)
写真1：33°08′57″N, 131°49′30″E
写真3：33°9′17″N, 131°49′39″E
交通：下ノ江駅から東〜東南東約1.5 kmの海岸．
地図：国土地理院 1/25,000 地形図「臼杵」

●写真・解説：村田明広

メランジュなど

日南層群の流体噴出構造
Fluid-escape structures in the Nichinan Group, Miyazaki

●写真1
タービダイト砂岩中のロート状噴出構造と，それにリンクした砂岩脈．未固結の砂層中に液体が下方から注入したときに形成されるロート状噴出構造は，厚い砂層では逆円錐形となる．薄い砂層では泥層亀裂に沿った脈になることもある．噴出した液体は泥層下面で一次的に滞留してレンズ状の水溜まりをつくったと考えられる．液体はこのような注入・噴出と滞留を繰り返しながら上昇し，多数の破壊構造を残す．この様子は水槽実験でも再現されている（姉川・宮田，2001）．

日南市大堂津の猪崎鼻には，深海成の砂岩・泥岩互層からなる古第三系の日南層群が分布しています．それらは岩相や地質時代を異にするさまざまな大きさの岩塊が雑然と配列した集合体からなっており，猪崎鼻の互層も巨大な岩塊のひとつと考えられています．猪崎鼻は，チャネル・レビーシステムをなして堆積したタービダイト砂岩の多い海底扇状地堆積物からなり，いくつかの砂岩層にフルートキャストが顕著に発達します．砂岩層の卓越する層準には，砂が未固結のときに形成された皿状構造やコンボリュート葉理といったいわゆる脱水構造や，砂層の流動化や液状化によって形成されたと考えられる砂岩脈など，さまざまな堆積変形構造が数多く観察されます．

文　献：姉川学利・宮田雄一郎，2001，地質学雑誌，**107**，270-282.
　　　　辻　隆司・宮田雄一郎，1987，地質学雑誌，**93**，791-808.

●写真2
大型のロート状構造．大型の場合は，砂層上の水溜まりが海底面と同じ意味をもち，噴出した砂が周囲に広がった「砂火山」をつくったことだろう．ただし，それを支える砂層がゆるんでいるので，むしろ沈下してしまう．

●写真3
フルートマークが発達したタービダイト砂岩層から下位の泥岩層に注入した砂岩脈．岩脈群の方位は一定している．

場所：宮崎県日南市油津
写真1, 2：猪崎鼻南部
　　　　　（31°33′27″N, 131°23′45″E）
写真3：猪崎鼻東部
　　　　　（31°33′33″N, 131°23′51″E）
交通：JR大堂津駅から徒歩30分．猪崎鼻東端の海段を降りて海岸に出る．
地図：国土地理院1/25,000地形図「油津」

●写真・解説：宮田雄一郎

メランジュなど

No. 099 屋久島の変形砂岩脈
Deformed sand dykes in Yakushima, Kagoshima

●写真1
地層に高角に貫入する砂岩脈．鉛直方向からの圧縮によって共役状に破断しており，形態的にはデュープレックス構造のように見える．

洋上アルプスをなす花崗岩体が有名な屋久島ですが，海岸の大部分は古第三系の四万十帯が露出しています．この四万十帯には，地すべりや砂層の液状化などに代表される未固結堆積物の変形から，ブーディンやメランジュの形成，さらには花崗岩帯の貫入によるドーム構造形成までを連続的に観察することができます．屋久島北東部の楠川地域には，多くの砂岩脈やデュープレックス構造を見ることができます．砂岩脈は，砂層が流動化や地震による液状化などによって周辺の地層へと貫入していくことによって形成され，地層が未固結な時に形成される構造です．屋久島で砂岩脈の多くは，地層に対して垂直方向の力によって褶曲もしくは破断（写真1）しています．これは，砂岩脈形成後，周辺の堆積物（特に泥質岩）が脱水によって体積を大きく減少させたことに伴うものと考えられます．しかし褶曲した砂岩脈（写真2, 3）は，堆積物の脱水に伴う体積減少量よりも大きく短縮していることから，ある程度屈曲しながら貫入したことが伺えます．

文　献：山本由弦・安間　了，2006．地質学雑誌，**112**，XVII–XVIII．
　　　　Yamamoto, Y., Tonogai, K. and Anma, R., 2011, Tectonophysics, doi：10. 1016/j. tecto. 2011. 10. 018

メランジュなど

●写真 2, 3
大きく褶曲した砂岩脈．砂岩の褶曲の原因を周辺層の石化に伴う体積減少に求めるには，明らかに大きすぎる短縮量である．

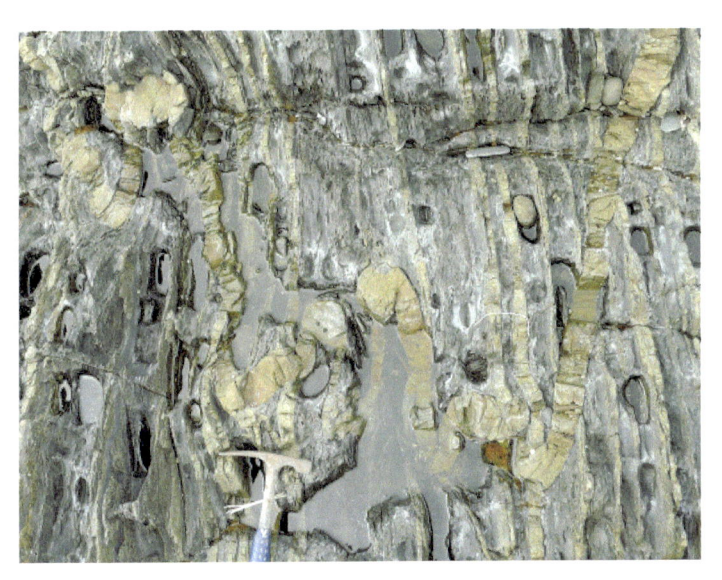

場所：鹿児島県熊毛郡屋久島町楠川
　　　（30°25′9″N, 130°35′25″E）
交通：路線バス楠川バス停から徒歩 15 分．
地図：国土地理院 1/25,000 地形図「屋久宮之浦」

●写真・解説：山本由弦・堀内典子・安間　了

メランジュなど

No. 100 南アルプスの線状凹地群
Linear depressions in the Southern Alps of Japan

●写真1
北岳北方の小太郎尾根草滑り下降点北方の線状凹地の例．小規模であるが保存が良い．後方は甲斐駒ヶ岳．

線状凹地とは尾根や山腹上部で重力性の小正断層に伴ってできる地溝または半地溝状の線状の凹地で，尾根部に注目すれば2重もしくは多重山稜と呼ばれています．南アルプス（赤石山地）には様々な形態の線状凹地が各所に発達しています．これは山地全体の急激な隆起と侵食，および急傾斜した付加体構成層からなるために，その走向と平行な方向に破断面が形成されやすいためです．すなわち，南アルプスの線状凹地は地質構造に規制された非造構性地形といえます．線状凹地が発達した部分は比較的なだらかで幅広い尾根をつくり，山腹斜面に大規模崩壊地を伴うことが多いのも特徴です．写真1は小規模だが典型的な例，写真2は，赤石岳山頂付近の例で，2列の船底状凹地が発達しています．写真3は，間ノ岳南尾根の多重線状凹地で，尾根上の多数の凹凸は，矢印の方向に発達する破断面群に規制されて形成されています．

文　献：松岡憲知，1985，地理学評論，**58**，411-427．
　　　　南アルプス世界自然遺産登録推進協議会南アルプス総合学術検討委員会，2010，南アルプス学術総論，http://www.minamialps-wh.jp/lib_015html

メランジュなど

●写真2
赤石岳山頂付近の線状凹地．2列の船底状凹地が発達している．

●写真3
間の岳南尾根の多重線状凹地．尾根上の多数の凹凸は，矢印の方向に発達する破断面群に規制されて形成されている．右方の山腹斜面はアレ沢崩壊地，右後方は北岳．

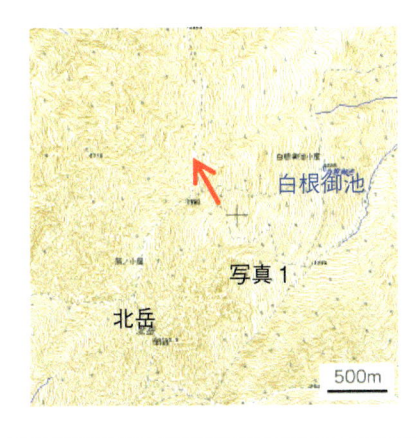

場所：山梨県，静岡県
写真1：35°41′08″N, 138°14′32″E（草滑り下降点）
写真2：35°27′40″N, 138°09′27″（赤石岳山頂）
写真3：35°38′45″N, 138°13′42″E（間の岳山頂）
交通：南アルプス登山道沿いで観察可．
地図：国土地理院1/25,000地形図「仙丈ヶ岳」「赤石岳」「間の岳」

メランジュなど

●写真・解説：狩野謙一

コラム1
『日本の地質構造100選』フォトコンテスト

本書に投稿された写真のうち，6つのカテゴリーから一つずつ，優秀写真を選びました．

■**断層**：中央構造線安康露頭（河本和朗）

大断層だからといってもいつもよく見えるわけではない．私自身もこの場所を訪れたことがあるし，多くの人がこの場所で中央構造線の写真を撮っている．しかし川がちょうどよい具合に露頭を削り取って，これほど鮮明に中央構造線を捕らえた写真を見るのは初めてである．

■**活断層**：井戸沢断層（重松紀生）

一口に活断層といっても最後の活動が数十万年前のものもあれば，この井戸沢断層のようにできてからまだ数か月のものまである．切られたばかりの土壌層が生々しく，研究者でなくとも行って見たくなる写真である．スケールはもう少し右に寄せるか，人物を立たせたかった．

■**断層岩**：日高変成岩のはんれい岩マイロナイト（金川久一）

断層岩の私のイメージは「黒っぽくてケオテックで地味」という感じであるが，この写真はそのイメージを一変させるものである．単ポーラーの写真では淡く色づいた輝石の形が美しいが，直交ポーラーにするとその輝石が様々に色づき，間をびっしりと埋める斜長石の微粒子が現れているところに意外性があって楽しい．

■**褶曲**：男鹿半島女川層の褶曲（渡部　晟）

褶曲の露頭というと切り立った露頭を連想してしまうが，この写真の露頭は全く水平な露頭で，普通の人が見れば地層の褶曲が現れたものだとは思わないだろう．この褶曲構造は、大潮の干潮時以外にはよく見えないというのもありがたみがあってよい．

■**小構造**：層状チャート中の共役雁行石英脈（高木秀雄）

層状チャートの中に白いX字型があり，よく見るとミ型と杉型の共役キンクバンドであることがわかる．形の面白さと教育的であるという両面を備えた秀作で，写した範囲も適切だった．ただしスケールのレンズキャップが真ん中過ぎるので，もっと下端に寄せるべきであった．

■**メランジュなど**：釧路興津海岸の巨大砂岩脈（川村信人）

国内最大級の砂岩脈で，幅が4.6 mもあるそうである．私もこんなに大きな砂岩脈は見たことがないが，太陽光が斜め上から当たっているためになおさら威風堂々としてみえる．スケールがバッグではなく人物であったら，この砂岩脈の巨大さが一目でわかったはずである．

白尾元理

コラム2
貴重な地質の遺産は保護・保全を！

下の2枚の写真は，本書No.87に挙げた千倉層群のデュープレックス構造で，2006年4月に撮影したものです．コア抜きがされて悲惨な状況になっていました．私たちは必要に応じて露頭から試料を得ていますが，本書に掲載されているような後世に継承すべき貴重な地質遺産を破壊することは，慎まなければなりません．

また，本書で取り上げた断層の露頭の中で，豪雨等で露頭が崩壊した，または崩壊しつつある例があります．断層に伴う破砕帯が崩れやすいのは致し方ないところですが，いずれも国の天然記念物に指定されている貴重な露頭ですので，何らかの保全の手当が望まれると同時に，見学の際には安全に配慮する必要があります．

No.6：糸魚川−静岡構造線最大の露頭である，山梨県の新倉露頭．2011年9月の台風に伴う豪雨で，上盤が崩落しました．

No.11：中央構造線最大の露頭である，三重県の月出露頭．小さい崩壊が進んでおり，階段が付けられた露頭上部見学路は立ち入り禁止になっています．

No.29：国内最大の活断層の露頭である，富山県の跡津川断層真川露頭．露頭の前の堰堤取り付け道路が，崩落したままになっています．

高木秀雄

日本の地質構造 100 選　　　　　定価はカバーに表示

2012 年　5 月 20 日　初版第 1 刷
2023 年　8 月 1 日　　　第 6 刷

編　者	日 本 地 質 学 会 構 造 地 質 部 会
発行者	朝　倉　誠　造
発行所	株式会社 朝 倉 書 店 東京都新宿区新小川町 6-29 郵便番号　162-8707 電　話　03 (3260) 0141 FAX　03 (3260) 0180 http://www.asakura.co.jp

〈検印省略〉

Ⓒ 2012〈無断複写・転載を禁ず〉　　印刷・製本　ウイル・コーポレーション

ISBN 978-4-254-16273-8　C 3044　　　　　　　　Printed in Japan

JCOPY ＜出版者著作権管理機構　委託出版物＞

本書の無断複写は著作権法上での例外を除き禁じられています．複写される場合は，
そのつど事前に，出版者著作権管理機構（電話 03-5244-5088, FAX 03-5244-5089,
e-mail: info@jcopy.or.jp）の許諾を得てください．

ダイナミックな地球を850項目余でわかりやすく解説！

地球大百科事典

上：地球物理編／下：地質編

井田喜明・木村龍治・鳥海光弘［監訳］

Hancock, P. L. and Skinner, B. J.［編］

- 50年に一度の企画 "The Oxford Companion to The Earth"（Oxford University Press）の全訳．「地球のすべてを知る」総合事典．
- 地球の真の姿を，地球科学，環境，大気，海洋，地質，岩石，地形，などの全850項目（上：約350項目／下：約500項目）で簡潔丁寧に読み切り形式で解説．
- 該当分野を代表する日本の研究者30名の安心できる日本語訳．

2019年10月 上下巻 同時発売！

上：地球物理編
B5判　600頁　定価（本体18,000円＋税）
ISBN 978-4-254-16054-3 C3544

下：地質編
B5判　800頁　定価（本体24,000円＋税）
ISBN 978-4-254-16055-0 C3544

（分売可）

朝倉書店